花之王国 1

园艺植物

Kingdom of Flowers

Garden Plants

［日］荒俣宏 著

段练 译

《春》 四季的拟人化之一。将抽象
概念寄于人物身上，然后再
描绘成带有寓意的图像。（选自《英国田园
志》，1682 年）

天津出版传媒集团

天津科学技术出版社

目录

丰饶角，弗雷德里克·辛格尔顿（Frederik Singleton）作，1900年。"丰饶角"为艺术作品里装满水果和鲜花、形似山羊角的装饰物，在各种装饰设计中被用作丰饶多产的象征。

丰饶角饰，克里斯托弗·冯·谢希姆二世（Christopher van Shechem II）作，1646年。源于希腊神话中用奶水养大宙斯的山羊阿玛尔忒亚的故事，这是花卉艺术构思中最基本的设计。

西番莲。这张充满幻想的图中暗藏了基督受难的故事，比如花柱象征着基督所戴的茨冠。（出自帕金森《园艺大要》，1629 年）

蔷薇。中世纪庭园中可与百合媲美的美丽花朵。（出自麦克尔《本草志》，1477 年）

天地庭园巡游

香石竹是原产于中近东的日本石竹的近缘植物，在欧美被称为"Pink"（粉色）。（出自莱特《新本草志》，1578 年）

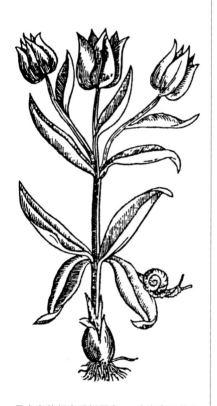

最古老的郁金香插图之一。（出自马蒂奥利《植物详述志》，1579 年）

《花之王国》读法

【结构】

共 4 卷：第 1 卷《园艺植物》，第 2 卷《药用植物》，第 3 卷《实用植物》，第 4 卷《珍奇植物》。各卷均从总数达 30 余万种的植物中，挑选了最符合主题的奇特而美丽的植物，各页均有关于每种植物的标题、解说、插图及插图介绍。卷末还设有专栏"天地庭园巡游"，介绍了 25 座围绕古今与东西、真实与虚构的庭园，以探索人类与植物之间影响深远的关系。

【标题】

在植物介绍部分，日文版以代表性植物俗名作为标题，而中文版选取科名、属名或物种名作为标题，进行了更符合分类学的处理。

【解说】

包括"原产地""学名""日文名""英文名""中文名"。其中"日文名""英文名""中文名"为各种语言环境中植物的通用名或俗称。

【插图】

每幅插图中所涉及的植物均给出了目前通用的学名[1]（种级别）。由于植物学研究的不断推进，植物的学名也在不断更新和完善，所以中文版出版时，编者对日文版中个别植物的学名进行了相应的更新。另外，在插图介绍的最后，可根据"➡"所指的号码在附录"图片出处索引"中找到对应插图的出处。

---

1 极少数植物存在异物同名的情况，为使表述更明确，相关学名后添加命名人以作区分。另外，还有一些特殊的植物在学界尚未有正式确认的中文名，这里直接采用了其拉丁学名，以方便读者查阅相关资料。——编者

静观人工之花
——对植物的热爱及支配历史

促进自然进化的"园艺"

你漫步在街上，无意间瞄了一眼花店，惊讶地发现这些花儿的颜色丰富而艳丽，不禁怀疑："这些难道都是真花吗？"特别是时下流行的兰花，无论是形状还是颜色，它们都不像是大自然的造物，你甚至怀疑自己是不是看错了。

这也难怪，一开始大家都会觉得这是人造花。但当我们用指尖触碰它们时，感受到的却是生物特有的凉意。下一秒，我们嘴巴大张，连连惊叹："美得太虚幻，太不真实了！"

确实，每每我们见到花坛和花店里那些五彩斑斓的花，不禁要在心里问一句："莫非它们是一群天外来客？不然怎么会这么美丽。"是啊，它们实在太美了。

有部名叫《恐怖小店》的音乐剧在美国很受欢迎。剧中的"食人花"乍一看很像地球上的植物，实际上却是来自太空的外星生物。就算把这些生物和花店里那些令人眼花缭乱的真花摆在一起销售，也没什么奇怪的，毕竟，现在的园艺植物早就称得上"世外之花"了。

仔细想想，《恐怖小店》里的奇花异草绝非凭空捏造。事实上，花店里卖的花和科幻作品里的外星花一样，原本并不存在于地球上，它们都是人类"创造"出来的。

我们身处的大自然不再是纯粹的自然，而是"人造自然"。以植物为例，我们在日常生活中见到的花、果实和谷物，在纯自然的环境中你是绝对无法找到它们的。其实，在这个世界上，人类亲手创造的植物的数量极其惊人。

比如日本的夏蜜柑和西方的葡萄柚，这些水果并没有明确的起源地。江户时代末期，人们在海滩上捡了一个大蜜柑，由此培育出夏蜜柑；葡萄柚则是由美国人培育的。

说回花卉。郁金香是装点春季花坛的美丽花卉，据说16世纪西方人在土耳其发现的郁金香就已经是栽培杂交种了。至于最初的品种是在哪里发现的，或者这种花是由哪几种花杂交出来的，就不得而知了。

还不仅仅是这些。香石竹、秋英、蔷薇、山茶花、牡丹……几乎所有的园艺花卉都是近一两千年里的人工自然产物，而花园一直是栽培这种人工自然产物的主要舞台。

从这个意义上说，人类随心所欲地改造了自然。我们强行改造大自然，使其尽可能符合我们的喜好和想象。其中最成功的手段之一就是园艺。

所谓园艺，是指与庭园相关的技术总和。任何与庭园有关的技术都可以称为"园艺"，其中最重要的当数植物栽培技术。若是没有这项技术，"庭园"这一概念也就不复存在了。

先来看看地中海，它是西方文明的发源地，这里的庭园往往被设想成"世外桃源"。一般来说，这些花园必须

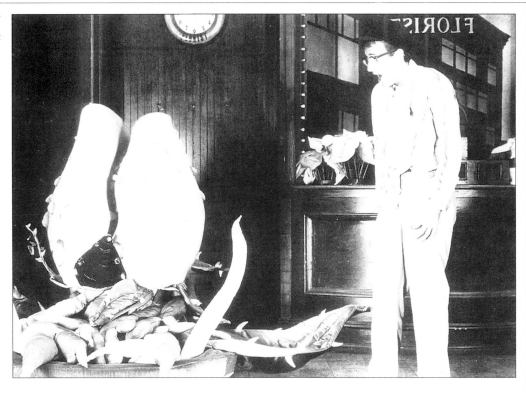

音乐剧《恐怖小店》，1987年。霍华德·阿什曼编剧兼导演，于苹果剧院上演。

要比自然山野更美丽、更令人愉悦。于是，基督教中的乐园"人间天堂"最终被描述为奇伟瑰怪的热带温室，而希腊人无比憧憬的赫斯珀里得斯花园则被认为是世界上最完美的果园。

为此，人们收集了更多美丽的花朵，并将它们种植在花园中。当人们又发现某棵形状有趣的树时，也把它种在花园中。在这个过程中，古代的花园变得越来越超尘拔俗，也就越来越接近人工的乐园。

我们必须承认，这一乐园模型的灵感是园艺的基础，西洋的庭园理论也借鉴于它。自然，园艺作为一种创造"世界上不存在的植物"的技术而被发扬光大。

追求"天堂"的东西方哲学

狭义上的"园艺"是指培育观赏花卉，但园艺形成之初是为了什么呢？这要追溯到公元前600年，正如古巴比伦建造空中花园一样，一开始的园艺是为了给神殿或宫殿增光添色。园艺的起源可追溯到古埃及。古埃及人利用尼罗河口肥沃的土壤在神庙周围种植无花果、石榴和葡萄。据说，当时的宫殿已经使用了一种木制箱子，堪称现在花盆的雏形。这一传统在罗马时代发扬光大。根据小普林尼的记载，用桑树和无花果树制成的树篱在当时已经十分普

17世纪的玛丽蒙花园，草木被修剪成人或动物的样子。（出自伊斯雷尔·西尔维斯特的铜版画，1673年）

1 Keysers Jewel Hyacinth	9 Brittish King Anemone	17 Merveille du monde Auricula	Almond
2 Diamend D.º	10 Cœlestis Anemone	18 Lady Margareta Anemone	25 Duke of St. Albans Auricula
3 Double blossom'd Peach	11 Amaranthus trachee	19 Juliana d.º	26 Turkey ranunculus
4 Single Orange Narcissus	12 Single Junquil	20 Double Junquil	sweetscented
5 Double Endroit Tulip	13 Loves Master Auricula	21 Duke of Beauford Auricula	27 Double Cuckow Flower
6 Glory of ÿ East Auricula	14 Double painted Lady Auricula	22 Lecreep N.º Tulip	28 Grand Presence Auricula
7 Double Wall Flower	15 Palurus Chrisis thorn	23 Beau Regard Tulip	29 Sea Pink
8 Blush red lilly of ÿ Vally	16 White lilly of ÿ Vally	24 Dwarf Single Flowering	30 Double flowering Almon.

及。早在那个时期就有了园丁，他们或将树木修剪成动物的形状，或是建造小径和喷泉。花园里还种植了香堇菜，人们可以尽情享受其芬芳。

老普林尼的名著《博物志》也提到了修剪师。罗马时代的修剪师懂得如何让爬山虎按照他们的意愿生长，也懂得如何让花园里的花始终保持在适当的高度。有说法认为，当时的人们已经掌握了类似今天日本盆栽的技术。

从埃及人到希腊人和罗马人，从地中海到印度，各式各样的美丽花卉装饰着人们的家园。古代花园中的藏红花、仙客来、百合、蔷薇、兰花、罂粟、矢车菊等一定也会令现代人赏心悦目。

在东方，中国古时候也有其独特的花园，简单来说，它们是一种"景观庭园"。中国人把大地产生的能量称为"气"，这股"气"沿着地表流动，通过坑穴从地底喷发而出，而喷出"气"的地方就是风水宝地。因此，中国园林不仅仅是一个观赏植物的地方，还是一个观山、观丘、观石、观水且能修身养性的场所。

当然，中国园林的旨趣也是打造"世外桃源"。但不同于地中海世界，中国园林是一种生态乐园，寄寓着人们对延年益寿的向往。从石头到花卉，园林中的每个元素必须完整地连成一片"活景"。园林中不允许任何一朵花单独存在。为此，中国人效仿自然景观，除了种花种草，还尝试将石头和流水融入园林。这么一来，中国园林便成了整个大自然的微缩模型。

不过，我们不能简单地认为中国园林就是展现自然本貌的"自然园林"。它们依然是人工建造的产物，只不过和西方的呈现方式不同罢了。例如，当西方人看到中国或日本的园林及盆景时会不禁发出惊叹："这得花多少工夫才能建成啊！"

有趣的是，西方人发展了将树篱和树木修剪成动物形状的造园法，东方人则发展了盆景艺术，他们让树木和花草保持矮小的样子，直到枯萎死去。一种是将自然禁锢在笼中，另一种是通过让植物保持幼小形态来驯服自然。后者是名副其实的"大自然缩小术"。换句话说，这是一种造景艺术，如同让一个永远保持孩童面容的人老去，它让我们在几乎方米的花园中，甚至仅在一棵树上就能看到大自然的缩影。

这可能源于人们对花园的原始印象，即对"天堂"有着不同的哲学理解。在西方，天堂是世外之地，美无处不在。因此，西方园艺家热衷于收集珍奇花卉，并将它们圈起来进行杂交，为的是培育出比天然花卉更奢华的人工物种。

中国人则认为，一个充满生机、有"气"流动的地方就是"天堂"。"气"不光由植物传输，更是通过土墩、山谷、岩石这样的"经络"流动。因此，园林应该展现的是缩小了的自然地形和景观原貌。于是，这样的造园法在中国得到发展，也就诞生了移天缩地、小中见大的盆景艺术。但有一点毋庸置疑："人工"是这一切的基础。

极端地说，自然只有依靠人工才能得以重现。

左图出自罗伯特·弗伯《花园要览》（*Twelve Months of Flowers*，1732）。这幅花瓶中插满4月鲜花的插图是伦敦一家园艺商出版的插图花卉日历，同时也用作商品目录。初版发行于1730年，图中能看出当时季节与花卉间的关系，十分有趣。

赏菊图（1753年）。在中国，9月是赏菊的时节，人们会专门举行观赏菊花的庆典。

花园可以让花变得更美

这也是为什么在后来的园林艺术中出现了人造花和人造树。园艺家们很早就意识到一件事——生物会变异。自然，植物也会发生变化，包括颜色和形状。经过反复培育，红花会变成白花，黄花也会变成白花。另外，一年生植物每年都会发生世代交替，即使是多年生植物，因为种子数量多，它们的变异率也要远远高于家畜。

中世纪时期，除药草园外，园林艺术陷于停滞，直到文艺复兴时才重新兴盛。园艺家们有信心改良任何物种，并拥有一套改良理论。

当时被人们认可的那套"变异理论"也很有趣——人们将变异归因于"土地"。在欧洲，土地被改造得最多的地方是文艺复兴时期的花园。罗马时代的繁茂森林消失了，原始的自然环境也变得不如人造花园。但就像小麦在麦田中长势最好一样，花园里的花也必须开得最美。

15世纪末，从美洲新大陆引进的花卉就是这一点的真实写照。新大陆的植物，尤其是向日葵、西番莲、大丽花、凤梨等在欧洲被栽种，转眼间就出现了各式变种、杂交种、巨型种和重瓣种。在新大陆生长的美洲植物被认为是毫不起眼的劣等种，但在条件最好的欧洲城市大花园中，它们如鱼得水，发生了翻天覆地的变化。

这让欧洲的园艺家们产生了一个想法：花园可以让花变得更美！

他们的自信带来了一种新局面——园林艺术主宰了整个植物界。这也是现代植物园诞生的契机。段义孚在《爱与支配的博物志》中谈及园林艺术和园林热爱问题，将这一趋势明确认定为"人类对植物的支配"。通常情况下支配分为两种："武力支配"和"情感支配"。

第一种支配是胁迫和剥夺。它包括奴役和杀害奴隶、砍伐破坏森林等。对植物的"武力支配"可以理解成对大自然的破坏。选择这种支配模式往往是出于经济和现实的原因。

第二种支配方式则来了个180度大转弯。这种"情感支配"并不是出于经济或社会活动需要，而是因为它们可爱、美丽。简单来说，这种支配方式出于美化充实我们的环境和文化的需要，出于精神上丰富我们生活乐趣的需要。所以我们才如此"热爱"植物，并且会源源不断地付出爱，我们把植物当宝贝，绞尽脑汁去培育出更美的变种。

"'喜欢'这种情感会软化支配行为。如果支配的一方有这种情感，被支配的一方则不会那么介意被支配。

"然而，情感并不是支配欲的对立面，而是支配行为的止痛药。情感是披着人脸的支配欲。当支配不讲任何情面时，它是残忍的、剥削性的，会诞生'牺牲者'。但当支配与情感相结合时，诞生的就是'宠物'。"

段义孚的观点完全正确。园艺庭园作为人工自然的生产场所，无疑成了支配与情感相结合的"宠物制造工厂"。如果说对家畜和农作物的消费是为了满足人类的生存需求，那么对园艺花卉的消费则是为了满足人类的情感需求。

诚然，人类作为一种文化存在，所做所想是他们的"业"。出于爱而发生的行为，本质上也是超越善恶之分的。

然而，植物园是从古老的药草园中分离出来的，作为新的变种生产地，植物园培育了数量多到失衡的人工植物，从这时候起，植物与人类之间的关系发生了巨大的变化。例如，花卉本该是情感与支配相结合的产物，最后却与市场联系在一起。而育种最初是一种文化性质的行为，现在却变成了一种商业投机。

郁金香的故事

"郁金香狂热"就是一个有名的例子。16世纪末，植物学家卡罗卢斯·克卢修斯将一种来自土耳其的美丽球茎植物引入荷兰，并将其投放市场。从此，郁金香的变种培育在荷兰风靡一时。拥有美丽球茎的人能将它们以远高于其实际价值的价格售出，情况愈演愈烈，甚至惊动了荷兰政府来限制这种交易。特别是1634—1637年，这种现象被称为"郁金香狂热"，政府对这种不法交易采取了严厉措施，最终才平息了这股热潮。

《黑郁金香》（*La Tulipe Noire*）是大仲马的杰出代表作，书中为我们讲述了当时的疯狂乱象。主人公拜尔勒是

托马斯·格林在《万有本草辞典》(*The Universal Herbal*, 1816)中描绘的各种郁金香。原图刊载于罗伯特·约翰·桑顿的《花之神殿》。

一位郁金香研究家，且颇有成就。但是，他的邻居博克斯代尔出于嫉妒总想着搞破坏，便用望远镜时刻监视着拜尔勒的房间。

就在这时，哈勒姆市郁金香协会发出悬赏，谁能培育出黑色郁金香，便能获得奖金10万弗洛林币。拜尔勒竭尽全力培育黑色郁金香，最终获得了成功。在一旁监视的博克斯代尔也谋划出了偷窃这种珍品的办法。

故事中描绘的培育郁金香的场所也很不寻常。这座花园避开了正午的强光，只接受早晚柔和的阳光。花园的温度调整得适宜郁金香生长，风力也设定成"只有柔风，不会将花茎折断"。如果照这个方向发展下去，距离发明大温室就只有一步之遥了。

拜尔勒还拒绝任何客人去他的花园，理由是人类散发的动物血气会损害郁金香球茎的侧芽和块茎。他把球茎放于暗处，避开阳光，只用灯光照射，以便开出黑色的花朵。

"郁金香狂热"并非只出现在17世纪。大约百年后，郁金香的原产地土耳其出现了第二次郁金香狂潮，即著名的"郁金香时代"。在奥斯曼帝国艾哈迈德三世统治时期，以优雅著称的大宰相易卜拉欣·帕夏为了引进法国文化和实施文化改革，重新进口了美丽的欧洲郁金香。之后，郁金香在土耳其全国盛开。据说，当时在郁金香盛开的宫殿花园里举行了盛大的宴会，人们将灯笼放在大乌龟的背上，让乌龟围着花坛自由爬行。

18世纪以来，人们从世界各地收集郁金香、蔷薇、香石竹、山茶花、百合、蜀葵和兰花，并在巴黎皇家植物园（后来的巴黎植物园）和伦敦邱园这两大现代植物园中进行杂交，培育新品种。

伟大的博物学家布丰（Georges-Louis Leclerc, Comte de Buffon）时任巴黎皇家植物园的园长，他委托许多冒险家收集植物，其中包括皮埃尔·索纳拉特等。在植物园里，人们反复进行杂交育种，最终培育出了令人惊叹的奇异品种和变种。

与此同时，位于伦敦郊区的邱园的新任园长是曾参与库克船长环球航行的约瑟夫·班克斯，他将澳大利亚的许多植物引入西方，并派遣弗朗西斯·马森等采集家冒着生命危险去热带采集植物。

温室的发明极大地推动了变种植物的培育。随着温室的出现，花卉生产终于从古典的园艺阶段迈入了工业化阶段。

Variétés diverses de Calcéolaires.

Il Remond imp.

Maubert pinx.

Fournier sc.

LILIACÉES. Tulipe de Gesner. (Tulipa Gesneriana, Lin.)

Lemonnier imp.

左图为勒梅尔《园艺图谱志》中收录的各种蒲包花。这些美丽的彩绘插图向我们展示了植物的奇妙变化。因为蒲包花经杂交产生了许多品种，而它们无一例外都是人工培育出来的。

右图为郁金香花束。精致的彩色铜版画展现了西方的花卉美学。这幅画加入了钢版画工艺，与纯铜版画相比，线条雕刻显得更加有力，将郁金香的人工美渲染得淋漓尽致。

被称为"怪物"的园艺植物

值得一提的是，随着美丽的花朵被改良成更美、更大甚至更奇特的花朵，人们对园艺植物产生了新的看法。

最早提出这种看法的是法国哲学家卢梭。他称在人类的爱和支配下所创造的"自然花园"中盛开的花为"畸形的怪物"，而无人问津的野花则在田野和山间静静地盛开。乍一看，这些野生植物似乎渺小而不起眼，但它们具有园艺植物所不具备的天然性。人类应该重视从野生植物身上学习自然规律，至于人工自然产物下的美丽花朵，不过是一种"怪物"罢了。

这种观念在法国和比利时尤为强烈。林奈和其他植物学家尽管观察到了园艺花卉的多样性，却依旧没能立足于进化论的起点，即"物种是可变的"。这在博物学史上是一种讽刺。即使是进化论的先驱拉马克（Jean-Baptiste Lamarck），在他还是植物学家的时候，也没有提出生物变迁学说。

究其原因，这在很大程度上要归结于18世纪时的新美学——"野生种崇拜热"。这种崇拜的对象不仅仅局限于植物，也延伸至人类。人类在原始状态下构建的社会是完美的，那时的人类天性无私，崇尚和平，是"高贵的野蛮人"。而这种想法就算卢梭不提，也会成为一种思想趋势。

与此形成鲜明对比的是，查尔斯·达尔文对栽培家培育出的各式变种非常着迷，他长期关注园艺领域，之后将进化论系统化。

不过，即使在英国，也有一些"自然崇拜派"，他们斩钉截铁地称呼园艺植物为"怪物"。其中最有代表性的评论家是拉斐尔前派的思想骨干约翰·拉斯金（John Ruskin）。他主张，给植物起学名这一行为本身就不利于研究植物的自然属性。说得严厉点，是植物学的科学描述把植物变成了怪物。维尔弗里德·布兰特在《植物学插图艺术》（*The Art of Botanical Illustration*）中说："拉斯金是以艺术家的眼光看待花卉的。当人们说植物的叶片能吸收二氧化碳和产生氧气时，拉斯金只会觉得这些叶子好像氧气罐。我们会借助放大镜来更仔细地观察植物的美，拉斯金并不排斥这一点，但他拒绝使用显微镜探索植物的受精过程。"

正如拉斯金所言，无论如何，对支配花朵的热爱是对花朵天性的严重扼杀。但也因为这种扼杀，我们的爱与支配转变成名为"学问"和"园艺"的文化。其实，所有文化的核心本质皆是如此。

中国和日本也不例外。为了让自然成为"可携带的艺术品"，东方人绞尽脑汁地扼杀了自然。接着，为了赋予已然扭曲的大自然更高的价值，人们又在其中增添珍奇元素。中国宋朝时期出现了形态奇特的金鱼，日本江户时代出现了几十种牵牛花，开出的花朵令人瞠目结舌。

大自然也能孕育出比园艺品种更惊艳的植物，比如非洲产的毛犀角，其开出的花很像海星。（出自康拉德·劳迪吉斯《植物学的博物馆》，1817—1827年）

从这个意义上说，在花之王国中地位最举足轻重的"园艺植物"无疑是一个理想的题材。在观赏绽放的花朵的同时，我们可以探讨人工美的创造历程。

人类创造了这些花朵。

我们何不试着记住这一点，好好地观赏这些花朵呢？

但是，我们必须承认，无论人造花多么美艳动人，当面对花之王国另一端的自然界的"珍奇植物"时，无不相形见绌、黯然失色。

服部雪斋描绘的各式变种牵牛。（出自江户末期的《朝颜三十六花撰》）

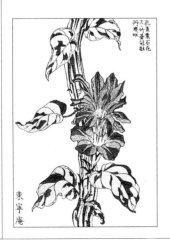

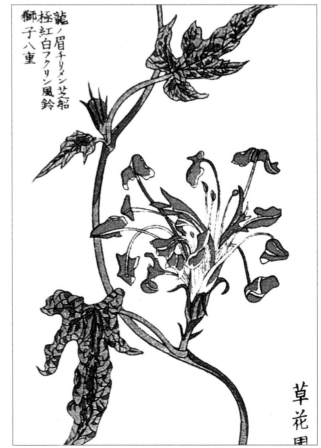

花之王国
kingdom of flowers

园艺植物
garden plants

The Elements concurring to produce Plants and Flowers.

Published by Henry Fisher, Caxton, Liverpool, July, 1820.

Published by Nuttall, Fisher & Cͦ Liverpool. March, 1816.

托马斯·格林《万有本草辞典》（1816年）中充满寓意的扉页图。左图为日、风、雨、土四大精灵在培育花朵，她们向我们说明自然生产力的结构。右图为介绍书名的精美扉页，扉页上的装饰框代表着大地的丰饶和恩惠。

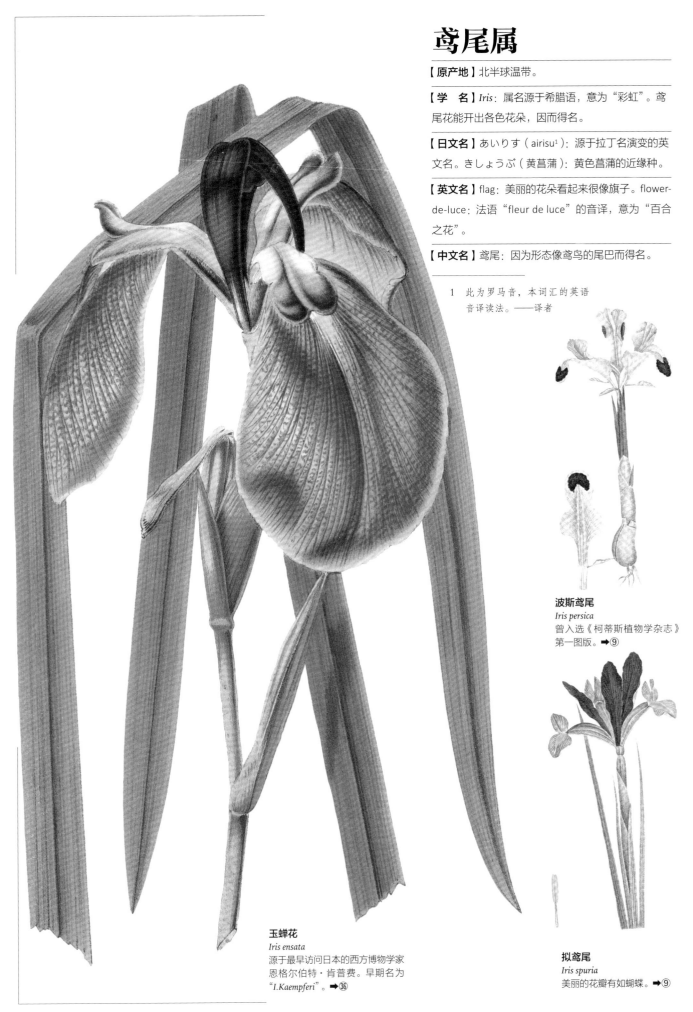

鸢尾属

【原产地】北半球温带。

【学　名】*Iris*：属名源于希腊语，意为"彩虹"。鸢尾花能开出各色花朵，因而得名。

【日文名】あいりす（airisu[1]）：源于拉丁名演变的英文名。きしょうぶ（黄菖蒲）：黄色菖蒲的近缘种。

【英文名】flag：美丽的花朵看起来很像旗子。flower-de-luce：法语"fleur de luce"的音译，意为"百合之花"。

【中文名】鸢尾：因为形态像鸢鸟的尾巴而得名。

———————————

1　此为罗马音，本词汇的英语音译读法。——译者

波斯鸢尾
Iris persica
曾入选《柯蒂斯植物学杂志》第一图版。➡⑨

玉蝉花
Iris ensata
源于最早访问日本的西方博物学家恩格尔伯特·肯普费。早期名为"*I.Kaempferi*"。➡㊱

拟鸢尾
Iris spuria
美丽的花瓣有如蝴蝶。➡⑨

各式玉蝉花
Iris ensata
东京帝国大学植物学教授三好
学于明治时代在小石川植物园
的写生作品。➡㉙

假种皮鸢尾
Iris susiana
别名"哀悼鸢尾"。图来自1613年
古籍。➡㉖

鸢尾种植历史悠久，可追溯至古希腊。中世纪时，人们已普遍不再种植观赏植物，即便如此，在公元9世纪德国南部的康斯坦茨湖畔，依旧可以见到人们种植鸢尾的身影。人们取香根鸢尾的根茎做成的香料，更是成了意大利佛罗伦萨的特产，其香气至今仍弥漫在佛罗伦萨的各个角落。

希腊神话中，彩虹女神伊里斯是宙斯和赫拉的使者，她通过连接天地的彩虹降临人间，幻化成鸢尾花。因此，鸢尾花被奉为神圣之花，亦作为治疗骨折的药物和驱邪的护身符。

路易七世之后，以fleur-de-lis（直译为鸢尾花饰）命名的鸢尾花纹章成为法国的国徽。当时，法兰克王国的克洛维一世在科隆（在今德国西部）附近遭到哥特人追击，传言他在莱茵河畔见到盛开的鸢尾花，顺势找到了浅滩过河，这才免于全军覆没。

鸢尾花的花语为"使命"，是初夏的象征。

百子莲

【原产地】南非。

【学　名】*Agapanthus africanus*：属名源于希腊语，意为"爱之花"。

【日文名】むらさきくんしらん（紫君子蘭）：和真正的君子兰为不同科。

【英文名】african lily：意为"非洲的百合"。

【中文名】百子莲。

百子莲
Agapanthus africanus
原产于南非，在17世纪传入欧洲的蓝色精灵。➡️⑮

百子莲是发现于南非的花卉中极具代表性的一种，于1629年传入英国。植物学家普拉肯内特（Plukenet）在汉普顿宫的花园中见到它后首次在论文中予以描述。1688年，也就是他发表论文的四年前，英国迎来了一位新国王——荷兰总督、奥兰治亲王威廉三世，他发动了著名的"光荣革命"。这场革命也为英国园艺史翻开了新的一页，园艺大国荷兰的先进栽培技术涌入英国。1685年，园艺家乔治·伦敦前往荷兰莱顿学习最新的园艺知识。光荣革命后，他被任命为皇家花园的园丁长，负责管理汉普顿宫花园，并在那里建造了一个大型喷泉和著名的迷宫。他当时的年薪为200英镑，而那个年代普通园丁的年薪只有10英镑。据说，他打理花园花费了1700英镑，占皇家花园全部预算的85%。

百子莲就是这个花园里开得最美丽的花。

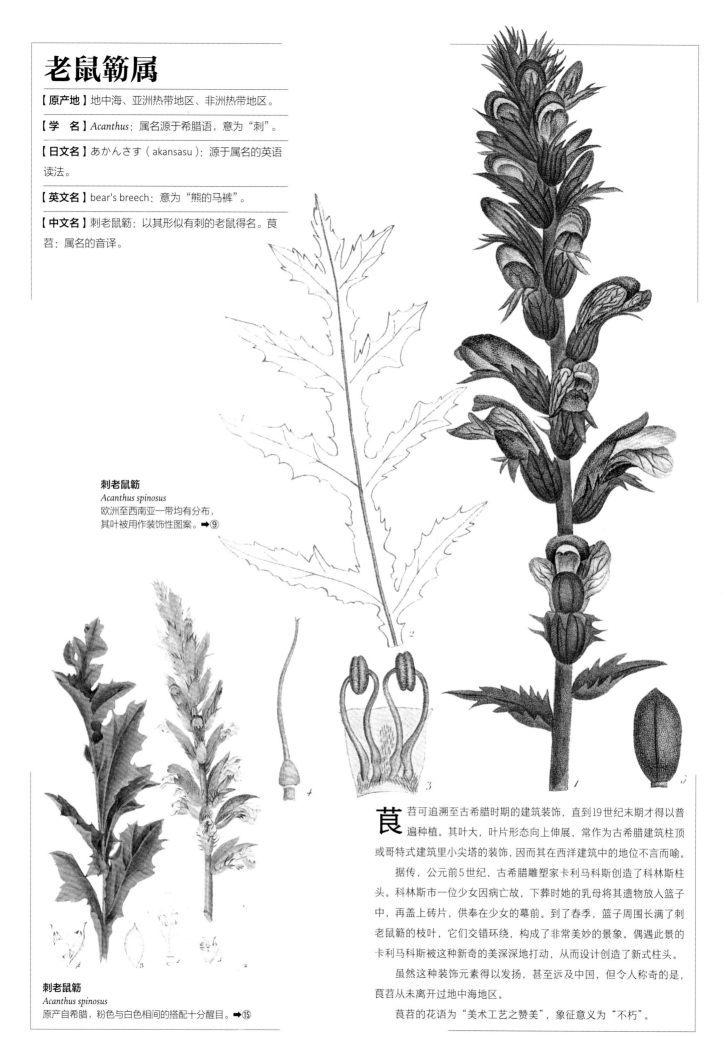

老鼠簕属

【原产地】地中海、亚洲热带地区、非洲热带地区。

【学　名】*Acanthus*：属名源于希腊语，意为"刺"。

【日文名】あかんさす（akansasu）：源于属名的英语读法。

【英文名】bear's breech：意为"熊的马裤"。

【中文名】刺老鼠簕：以其形似有刺的老鼠得名。莨苕：属名的音译。

刺老鼠簕
Acanthus spinosus
欧洲至西南亚一带均有分布，
其叶被用作装饰性图案。➡⑨

刺老鼠簕
Acanthus spinosus
原产自希腊，粉色与白色相间的搭配十分醒目。➡⑮

莨苕可追溯至古希腊时期的建筑装饰，直到19世纪末期才得以普遍种植。其叶大，叶片形态向上伸展，常作为古希腊建筑柱顶或哥特式建筑里小尖塔的装饰，因而其在西洋建筑中的地位不言而喻。

据传，公元前5世纪，古希腊雕塑家卡利马科斯创造了科林斯柱头。科林斯市一位少女因病亡故，下葬时她的乳母将其遗物放入篮子中，再盖上砖片，供奉在少女的墓前。到了春季，篮子周围长满了刺老鼠簕的枝叶，它们交错环绕，构成了非常美妙的景象。偶遇此景的卡利马科斯被这种新奇的美深深地打动，从而设计创造了新式柱头。

虽然这种装饰元素得以发扬，甚至远及中国，但令人称奇的是，莨苕从未离开过地中海地区。

莨苕的花语为"美术工艺之赞美"，象征意义为"不朽"。

牵牛属

【原产地】美洲热带地区、亚洲热带地区。

【学　名】*Pharbitis*[1]：属名由瑞士日内瓦植物学家雅克·丹尼斯·舒瓦西命名。许多文献指出，它源于希腊语"颜色"一词，也有可能出自德语中表示颜色的词"farbe"。这与牵牛色彩丰富的特点是一致的。

【日文名】あさがお（朝颜）：其意或为清晨盛开的大轮花。于奈良时代末期传入日本，在此之前，关于《万叶集》中出现的"朝颜"有几种说法，包括"桔梗说""木槿花说""昼颜（日本天剑）说"。

【英文名】morning-glory：意为"清晨之荣光"。

【中文名】牵牛：因其藤蔓细长柔软，像农家牵牛用的绳子而得名。

1 牵牛属（*Pharbitis*）今已并到番薯属（*Ipomoea*），为免读者误解和混淆，本书仍保留使用牵牛属的名称。——编者

牵牛
Pharbitis nil
点缀日本夏天的美丽花朵。日本天剑的一属，种类繁多。➡ 32

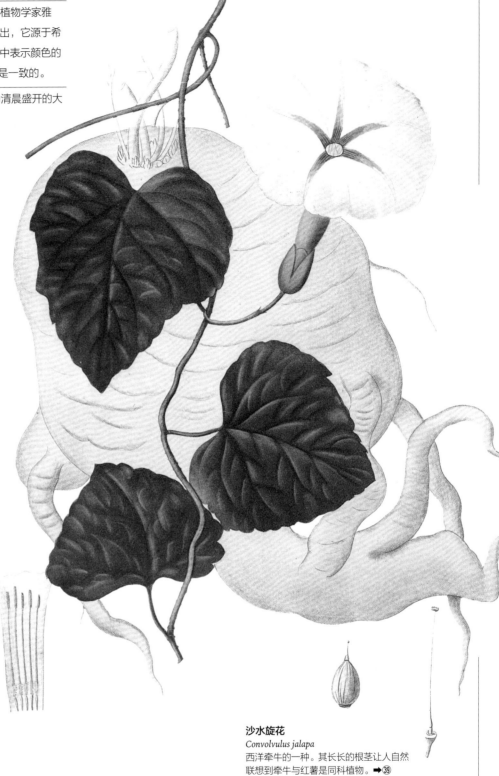

沙水旋花
Convolvulus jalapa
西洋牵牛的一种。其长长的根茎让人自然联想到牵牛与红薯是同科植物。➡ 39

　　自古以来，牵牛以其药用价值而被中国人视若珍宝，它的种子"牵牛子"至今仍被中医用作泻药和利尿剂。奈良时代末期，牵牛传入日本，但直到江户时代白色牵牛出现后才得以正式栽培。之后，除了蓝色和白色，还出现了浅紫色、浅红色及深蓝色的品种。

　　化政时代（1804—1829 年），一些变种牵牛备受欢迎，如直径超过 20 厘米的大轮牵牛、"狮子笑"等。当时这股牵牛热潮虽然未被理论化，孟德尔遗传定律却在大约百年前便得到了经验上的证实。入谷鬼子母神（真源寺）的牵牛花市始于明治中叶，战争期间曾一度中断，恢复后一直延续至今。

　　20 世纪 60 年代，嬉皮士中流传着牵牛种子可用作致幻剂的说法，但并未得到证实。

　　牵牛的花语为"破灭的希望"。

蓟属

【原产地】北半球。

【学　名】*Cirsium*：属名来源于一种对治疗静脉水肿有效的植物的希腊语名称。因形态与这种植物十分相似，后被用作蓟的学名。

【日文名】あざみ（蓟）：古日语里有目瞪口呆、疼痛之意。

【英文名】thisle：起源于日耳曼语，与"刺"有关。

【中文名】蓟：语源不详。

刺苞菜蓟
Cynara cardunculus
自公元前起栽培于地中海地区，朝鲜蓟的亲缘种。➡⑦

翼蓟
Cirsium vulgare
原产于地中海，欧洲常见的一种野草。➡⑨

这里提到的蓟也包括朝鲜蓟。在基督教中，圣母马利亚从十字架上拔出钉子埋于地下，长出来的植物就是蓟，因此它被基督教奉为圣花。同时，蓟生着刺，根据《创世记》的记载，它与荆棘都代表着对人类堕落的惩罚。

在北欧，人们相信蓟的刺能够驱赶魔女、祛除家畜疾病，还能用于祈求婚姻美满。亦有人信仰蓟为雷神托尔之花，可以抵御雷击。

传说在10世纪中叶马尔科姆一世统治时期，苏格兰遭到丹麦的袭击，敌军的侦察兵赤脚踩在蓟上发出尖叫声，偷袭就此暴露。自此，蓟成为苏格兰王室的徽章纹路。直至今日，蓟花勋章在英国的地位仅次于嘉德勋章。

蓟的花语为"严格""独立"，象征意义为"纯洁""复仇"。

绣球属

【原产地】东亚、北美洲。

【学　名】*Hydrangea*：属名在希腊语中意为"水的容器"，因其能吸收并散发大量水分而得名。也有说法称是以其果实的形状而命名的。

【日文名】あじさい（紫陽花）：其语源有诸多说法，其中出自《大言海》"集真蓝"（あづさい）一词之说最有说服力。

【英文名】hydrangea：属名的英文读法。

【中文名】绣球花：其意或为如精美绣品般的球形花。

额紫阳花
Hydrangea macrophylla f.normalis
在日本众多紫阳花品种中至今
仍以其独特的形态而出类拔萃。
➡38

额紫阳花（下左）与紫阳花
Hydrangea macrophylla f.normalis（下左）与
*H.m.f.otaksa*均为日本培育的品种。有别于
西洋绣球花，自成另一派东方之美。➡32

绣　球花在日本古来已有，并广为人知，《万叶集》甚至都记载着它的名字。镰仓时代以后，绣球花作为园艺品种进行栽培。不过，由于当时只有朴素无华的山绣球和额紫阳花，整个江户时代都没有出现专门的观赏胜地。直至第二次世界大战后，镰仓的紫阳花寺（明月院）等地才成为观花景点。事实上，这些新出现的多色绣球花在18世纪末传入欧洲，经过品种改良，摇身变为西洋绣球花后再次传回日本。

西博尔德给绣球花取了种加词"*otaksa*"，此名来源于他的情人——长崎丸山花街的妓女楠本泷（阿泷，Otakisan）。

绣球花喜欢湿润的生长环境，在伊豆群岛，野生额绣球花的叶子常被用作卫生纸。

绣球花的花语为"傲慢""美丽却没有香气与果实之花"，因此不适合作为礼物送给女性。

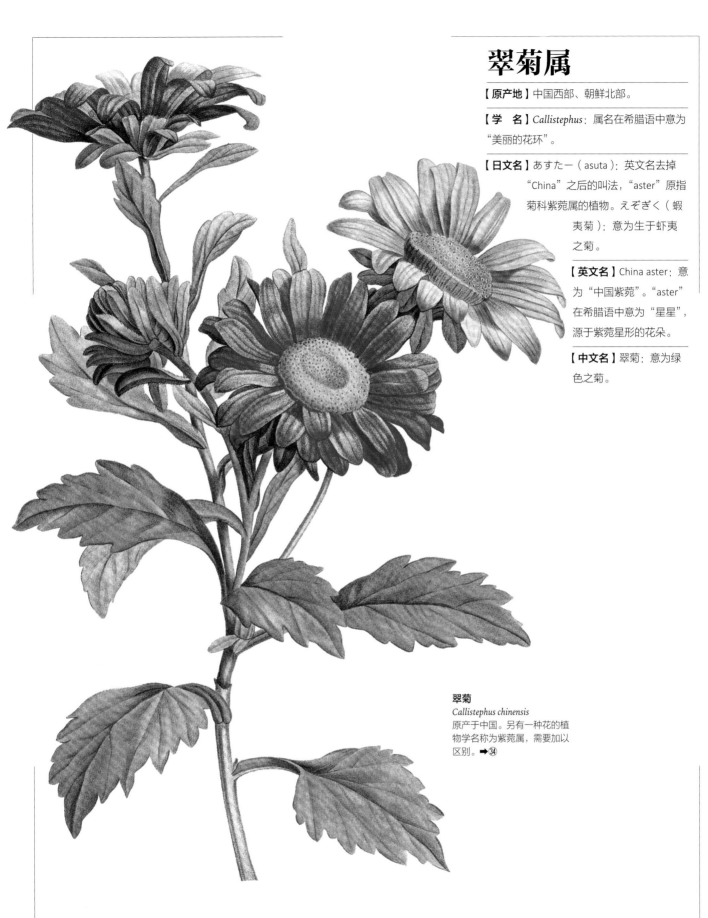

翠菊属

【原产地】中国西部、朝鲜北部。

【学　名】*Callistephus*：属名在希腊语中意为"美丽的花环"。

【日文名】あすたー（asuta）：英文名去掉"China"之后的叫法，"aster"原指菊科紫菀属的植物。えぞぎく（蝦夷菊）：意为生于虾夷之菊。

【英文名】China aster：意为"中国紫菀"。"aster"在希腊语中意为"星星"，源于紫菀星形的花朵。

【中文名】翠菊：意为绿色之菊。

翠菊
Callistephus chinensis
原产于中国。另有一种花的植物学名称为紫菀属，需要加以区别。➡㉞

中国本土的翠菊种子最初于1782年传入欧洲。据传，是一名法国基督教传教士将种子寄给了巴黎的植物学家安托万·德·朱西厄，该传教士被认为是汤执中（Pierre Nicolas Le Chéron d'Incarville），但这似乎是个误传。他将翠菊寄往法国的时间是1731年。后经人们不断改良，于18世纪中叶培育出紫色及红色的品种，从此翠菊成为园艺花卉。19世纪后又培育出了淡藤色、青紫色等品种，色彩十分丰富。

在德国，翠菊因象征着"星之花"而被用于占卜爱情。《浮士德》中玛格丽特就是用这种花占卜爱情的。

翠菊的花语为"变化""聪慧"，其中白花代表"爱慕""被爱"，蓝花代表"信赖"，紫花代表"爱情的胜利"，粉花代表"甜蜜的爱"。

美叶光萼荷
Aechmea fasciata
属于凤梨科中的陆生植物，
较为罕见。➡38

凤梨科

【**原产地**】南美洲。

【**学　名**】*Ananas*：凤梨属学名，来自南美印第安人对这种水果的称呼，意为"美妙的果实"。凤梨科学名为 Bromeliaceae。

【**日文名**】あななす（ananasu）：属名的日语读法。ぱいなっぷる（painappru）：英文名的日语读法。

【**英文名**】pineapple：意为"松果般的果实"。

【**中文名**】凤梨：意为"凤凰之梨"。

鸢尾凤梨
Bromelia alsodes
原产于中美洲的凤梨类，叶子展开可达1~2米。➡⑦

波纹凤梨
Vriesea hieroglyphica
属于铁兰亚科，与气生植物亦同科。➡㉛

此处用凤梨指代凤梨科全体。

包括菠萝在内的观赏植物凤梨，其在欧洲已有150年左右的园艺栽培历史，不过，真正开始普遍种植凤梨是在第二次世界大战之后。在所有新大陆的植物中，菠萝是最令欧洲人称奇的物种之一，而当地人早已知道如何种植并利用它。在欧洲人首次来到新大陆时，当地人就已经种植出了无籽菠萝。

凤梨通过两种途径传向世界。一种是通过西班牙人，他们横跨太平洋，将凤梨从菲律宾移植到南洋群岛，于1605年传入中国。另一种是通过葡萄牙人，经由圣赫勒拿岛、马达加斯加岛和印度传到东南亚。出人意料的是，它在19世纪才传入夏威夷，而夏威夷目前是全世界最大的菠萝产地。凤梨传入日本则是在江户时代晚期。

凤梨果实的花语为"完美无缺""结合"。

银莲花属

【原产地】北半球温带及亚寒带。

【学　名】*Anemone*：属名源于希腊语"风"一词，因为此花喜欢有风吹拂的地方而得名，意为"风的女儿"。

【日文名】いちりんそう（一輪草）、いちげそう（一華草）：或许是该花一株茎的顶端只开一朵花，因而得名。

【英文名】anemone：拉丁名的英语读法。

【中文名】银莲花：有如银色莲花的花。

圆叶獐耳细辛
Hepatica nobilis var.obtusa
基本种的叶子分为三片，也被称为三角草。➡⑮

孔雀银莲花
Anemone hortensis
原产于法国南部。最初疑为自然杂交而成的大花种。➡⑨

据传，《圣经》中的野百合其实就指银莲花。作为在17世纪园艺繁荣期占据一席之地的花卉，它经常出现在当时的花卉画中。

罗马神话中，朱庇特喜爱的侍女阿莲莫莲被芙罗拉放逐出宫殿，变成了一朵花。她在春回大地之前发芽，一直被北风之神（阿奎洛）拥抱着。北风之神虽然唤醒了阿莲莫莲的身体，却无法给予她爱，阿莲莫莲便枯萎了。

还有一种说法认为，这是希腊神话中的美少年阿多尼斯在闪米特语中的名字。阿多尼斯对阿佛洛狄忒的爱慕视而不见，一心追赶野猪，最终死于野猪的獠牙之下。阿佛洛狄忒泪洒当场，眼泪变作了银莲花。

银莲花的花语为"抛弃""疾病""期待"。

孤挺花属

【原产地】南美洲。

【学　名】*Amaryllis*：源于古罗马诗人维吉尔诗歌中登场的美丽女牧羊人的名字。

【日文名】あまりりす（amaririsu）：英文名的日语读法。べにすじさんじこ（紅筋山慈姑）：意为花瓣上生有红色条纹的山慈姑。

【英文名】amaryllis：据属名而来。

【中文名】孤挺花：意为一枝独开的花。

花朱顶红
Hippeastrum vittatum
原产于秘鲁，此属现被园艺家
统一称为孤挺花。➡㉔

短筒朱顶红
Hippeastrum reginae
原产于墨西哥的美人花，
广义上的孤挺花。➡㉔

忽地笑
Lycoris aurea
开黄色花的品种。彼岸花属，过去被
称为孤挺花。➡⑮

孤挺花
Amaryllis belladonna
原产于南非的品种。➡⑮

除了真正的孤挺花属（*Amaryllis*）的花卉外，园艺学上还把朱顶红属（*Hippeastrum*）的花卉都称为孤挺花，本书也是如此。

孤挺花的名字起源于希腊神话，但今天栽培的园艺品种相对较新，对其原始品种的记载要追溯到17世纪末的荷兰人赫尔曼（Hermann）。100多年后的1799年，孤挺花的第一个杂交品种"约翰逊种"培育成功。之后，采集者们从南美洲引进大量原始品种，这些品种经改良之后再杂交成新的品种。20世纪时，美国为了培育出大花品种的孤挺花，曾进行过漫长的杂交工作。

19世纪中叶，孤挺花传入日本，但直到明治初期，它一直被误认为是藏红花，因此其现在仍有"伪藏红花"的别称。

孤挺花的花语为"害羞的少女""美丽的女孩""骄傲"。

苦苣苔属

【原产地】 有旧世界与新世界两系。[1]

【学　名】 *Conandron*：属名指亚洲的苦苣苔，希腊语中意为"形如松果的雄蕊"。这是由于花药围绕着雌蕊，因而雄蕊呈松果状。原产于美国的大岩桐亚科（Gesnerioideae）植物命名自博物学家康拉德·格斯纳。

【日文名】 いわたばこ（岩煙草）：因其长于岩石上，叶与花的形态似烟管而得名。

【中文名】 苦苣苔：意为苦味的生菜。此系误用。

1　旧世界泛指亚、非、欧三大洲，新世界指亚、非、欧、美四大洲。——译者

穗花艳斑岩桐
Gesneria spicata
西印度群岛的苦苣苔，与蜂鸟
共同构成南美的风景线。➡⑧

苦苣苔科（Gesneriaceae）植物分布在世界各地，其中的代表如大岩桐属和苦苣苔属，它们的花朵通常呈管状，形似烟斗；此外，还有能开出酷似三色堇的非洲堇属。由于其下属的数量众多，又有属间杂交种，所以很难分类。顺便一提，园艺种非洲堇属也是通过各种杂交培育出来的。

　　旧世界的苦苣苔品种生长在山地潮湿的崖壁和瀑布附近，通常被人们种植在岩石花园中。岩石花园是一种收集、栽种高山植物的花园形态，其起源可追溯到17世纪，真正发展起来是在19世纪初期，这时的阿尔卑斯山因其生长着美丽的植物俘获了人们的心。

　　另外，南美洲山地上生长着大岩桐草的亲缘种，它们与亚洲和欧洲的品种相比通常更大、更绚丽。

金雀儿属

【原产地】地中海地区及其附近。

【学　名】*Cytisus*：属名通常被认为是古希腊语中的"南苜蓿"之意。

【日文名】えにしだ（enishida，金雀枝）：该花拉丁名古时为"*genisuta*"。关于日语读法，究竟应读荷兰语中的"henisuta"还是西班牙语中的"iniesuta"，有多种说法。

【英文名】broom：日耳曼语系的词汇，与木莓同一语源。

【中文名】金雀花：意为形似金色麻雀的花。

狭瓣染料木
Genista stenopetala
原产于加那利群岛。豆科，会结出豆类果实。花小。➜⑨

金雀花自古以来一直是欧洲花园中的重要花木。它传入日本的时间出奇地早，是在江户时代初期。

安茹帝国的伯爵若弗鲁瓦五世将金雀花插在头盔上作战，英国的金雀花王朝便是因此而得名。该国还有一个关于富尔克王子的故事。据说，这位王子在杀死自己的兄弟后登上王位，但又无法忍受良心上的谴责而前往耶路撒冷朝圣，于是每晚都用金雀花枝鞭打自己。在英国，理查一世将金雀花纹章刻在国玺上，金雀花从此成为英国国徽的

核心元素。英语"broom"之所以有扫帚的意思，是因为当时人们把金雀花的枝条捆在一起做成扫帚，也相信女巫会骑着它飞行。还有一种说法，如果未婚女子不小心骑在金雀花枝做成的扫帚柄上，就会产下私生子。

金雀花的花语为"整洁""热情"。人们用其制作长矛的象征意义为"战争"，制作椅子则象征"隶属"。

艾林欧石南
Erica regia
原产于开普地区。长着壶状红色小花,
一眼便能知道它是欧石南的亲缘种。
➡⑮

欧石南属

【原产地】地中海地区、南美洲。

【学　名】*Erica jalapa*:属名来自希腊语"打破"
一词,原因不明。

【日文名】えりか(erika):属名的日语读法。ひ
ーす(hiisu):英文名的日语读法。

【英文名】heath:意为"荒地"。与德语词"heide"
一样,也有"异教徒"之意。

【中文名】欧石南:意为欧洲石楠花的亲缘种。

橙花冷杉欧石南
Erica grandiflora
原产于开普地区。此亲缘
种属于杜鹃花科。➡⑮

这是一类象征英国荒地的植物。不过,给人们带来荒凉印象的与
其说是欧石南属,倒不如说是它的近缘帚石南属更为确切。欧
石南虽是杂木,却被长期种植在花园中,19世纪时建造欧石南花园也
成了一种时尚。

有一种说法是,英国第一批基督徒杀害了不愿信奉基督教的原住
民皮克特人,那沾满血的植物就是欧石南。有趣的是,在今天的苏格
兰,具有异教徒意味的欧石南花丛在某种意义上阻碍了当地的发展。

人们用欧石南取代啤酒花来酿造啤酒,用欧石南酿制的蜂蜜是公
认的上等货。它的木材在农村是必需品,被人们用来修屋顶、铺草窝、
制作扫帚等。

作为民间传统,人们偶尔也会剪下欧石南枝来祈雨。

欧石南的花语为"孤独"或"谦逊"。

紫茉莉

【原产地】南北美洲。

【学　名】*Mirabilis jalapa*：属名源于拉丁语中的"惊异"之意。虽然其每朵花的颜色与形状并无特别之处，但同一株上能开出各种颜色的花，叫人称奇，因而得名。

【日文名】おしろいばな（白粉花）：种子里的白粉可制成化妆用的香粉，孩子们也很喜欢把玩，因而得名。ゆうげしょう（夕化粧）：意为傍晚盛开、可用于化妆的花。

【英文名】four-o'clock：因在夏天的傍晚开花而得名。marvel-of-Peru：属名的英译，加上原产地名。

【中文名】紫茉莉：意为形似茉莉花的紫色花朵。

紫茉莉
Mirabilis jalapa
原产于墨西哥。花朵为混色，十分美丽。➡⑮

紫茉莉是一种常见花卉，在日本的一些地方是野生的，原产于美洲热带地区，早在200多年前的江户时代初期就传入日本。紫茉莉傍晚绽放，清晨凋谢，如此珍奇的花让欧洲人爱不释手。林奈发明花钟时就是用紫茉莉来指示傍晚的时间。紫茉莉没有花瓣，看似花瓣的部分其实是它的花萼。据说，因为这种花靠夜蛾授粉，所以才会在傍晚开花。

17世纪英国的草药学家约翰·杰拉尔德提出，即使在暴风雨天里，紫茉莉也会在傍晚开花。另外，杰拉尔德的《草药书，或植物通志》及日本江户时代的草药书籍中均有记载，称这种花的种子与胡椒的种子类似。它的根部有时被用于治疗水肿。在中国，也有将其红色花朵的汁液用作食用色素的记录。但从实用性来说，它的总体价值并不高。

紫茉莉的花语为"怯懦""胆小""内敛"。

金丝桃属

【原产地】东亚、东南亚。

【学　名】*Hypericum*：属名源于古希腊语，迪奥斯科里德曾用过该词。语源有两种说法，一为"神像之上"，一为"草丛之下"。

【日文名】おとぎりそう（弟切草）：源自《和汉三才图会》，详见正文介绍部分。

【英文名】st.John's wort：意为"圣约翰草"，源于古代夏至日之后的圣约翰节。

【中文名】金丝桃：金丝或指其有许多黄色的雄蕊花药。小连翘："翘"指的是鸟尾的长羽毛。

小连翘
Hypericum erectum
卡尔·彼得·通贝里提到过的来自东亚的楚楚动人的花。➡⑨

金丝梅
Hypericum patulum
花大，原产于中国。➡⑨

　　金丝桃自古作为药材被人熟知，近年来人们也大规模栽培这种植物。关于这种夏季辟邪之花，日本和欧洲都有着各种传说，这些传说总会与它们叶片、根茎上的红色斑点有关。例如，西洋小连翘的叶子上有一些小斑点，人们说这是魔鬼用针扎下的痕迹；而根部的红色斑点被称为圣约翰之血，据说这些斑点总会出现在圣约翰被斩首的那一天。

　　在日本流传着这样一个故事。花山天皇（968—1008年）时期，有一位颇有名气的养鹰人叫晴赖，他的弟弟将草药秘方泄露给他人，晴赖一怒之下便斩杀了自己的弟弟。弟弟的血凝结成草药上的黑斑，因此该草药得名弟切草。

　　据传，金丝桃由十字军从亚述帝国带回，自中世纪以来一直被称为辟邪草，也被用于爱情占卜和求子仪式。传言还说当有人试图采摘它时，它会逃走。

　　金丝桃的花语为"怨恨""疑惑""迷信"。

万年青属

【原产地】东亚。

【学 名】*Rohdea*：属名源自德国柏林医生的姓名"Michael Rohde"。

【日文名】おもと（大本）：最常见的说法是因其株十分大而得名，也有说法称是源于九州的地名。

【英文名】rohdea：源于属名。

【中文名】万年青：因其叶常年青翠而得名。

万年青
Rohdea japonica
出自关根云停《小不老草名寄》。对不起眼的植物喜爱如此，正可谓江户风雅之精粹。➡⑪

万年青作为观赏植物从室町时代就开始被人们盆栽栽培，在江户时代末期非常流行。据说，江户的"万年青热"要拜德川家康所赐。相传，家康将居城从三河迁往江户时，三河一个名为长岛长兵卫的人献上三种万年青幼苗以表庆贺。家康十分高兴，将它们一一栽培，从此江户兴起栽种万年青的风气。无论这个故事真实与否，如今的爱知县依然广泛种植着万年青。

江户时代中叶，人们培育出各式万年青品种，将叶片的不同形态和特征作为艺术审美来看待，评价标准有四个：外观、叶形、斑纹和质地。时至今日，仍有数十万的万年青爱好者。它与松叶兰、观音竹、富贵兰在江户时代共同造就了日本独有的观赏植物文化，并经久不衰。

耳叶报春

【原产地】欧洲。

【学　名】*Primula auricula*：属名"*Primula*"为拉丁语"*Primula veris*"的缩写，原指雏菊。种加词"*auricula*"为拉丁语，指叶子的形状像耳朵一样。

【日文名】あつばさくらそう（厚葉桜草）：叶厚，形似樱花的草。

【英文名】auricula：学名的英语读法。bear's ear：意为"熊的耳朵"。

【中文名】耳叶报春："耳叶"指其学名的种加词。

耳叶报春
Primula auricula
日文名为厚叶樱草。生长在欧洲山岳地带，有许多园艺品种。➡⑫

法国胡格诺派新教徒为躲避迫害逃往英国，他们将报春花带去当地，耳叶报春正是它们的亲缘种。原种产自阿尔卑斯山，16世纪70年代，维也纳皇家植物园将它与其他报春花杂交，培育出了阿尔卑斯种报春花；杰拉尔德的《草药书，或植物通志》及帕金森的《园艺大要》中均提到了这种花。1665年，人们又记载了六个品种，其中包括如今已经绝迹的条纹花品种。18世纪，人们发现了一种能开出绿色花朵的变异品种。当时，这种并不耐寒的花卉只在小型温室中栽植。到了19世纪，胡格诺派的教徒们依然在栽培这种花卉，据说新品种的交易价格相当于他们一个月的收入。

直到今天，欧洲人依然对这种花情有独钟。

耳叶报春的花语为"绘画""贪欲""壮丽""诱惑"。

香石竹
Dianthus caryophyllus
原产地不明的杂交种，可细分
为许多品种。➡⑯

石竹属

【原产地】地中海沿岸。

【学　名】*Dianthus*：属名源于希腊语，意为"神之花"，如宙斯般
美丽的花。

【日文名】かーねーしょん（kaaneeshon）：英文名的日语读法。お
らんだせきちく（和蘭陀石竹）：意为从荷兰传入美国的石竹。あ
んじゃべる（anshaberu）：旧名"angelier"的日语读法。

【英文名】carnation：自古希腊以来就是制作花冠不可或
缺的植物，源自拉丁语"corona"（花环、花冠）。也有
人认为，因为花朵是肉色的，所以沿用了源自拉丁语
"caro"（柔）的法语"carnation"（肉色）一词。

【中文名】香石竹[1]：意为散发香气的石竹。

——————————————————
1　即"康乃馨"的中文正式名称。——编者

香石竹
Dianthus caryophyllus
该品种有黑褐色的花瓣及白色
的花边，由英国培育。➡㊱

根据老普林尼的记载，香石竹是在罗马皇帝奥古斯都（Augustus）
统治时期于西班牙发现的。事实上，它在地中海地区的栽培历
史悠久，作为献给宙斯的花而备受希腊人尊崇。它也是制作花冠和花
环所不可或缺的材料。

在基督教中，它是爱的象征，因为它是圣母马利亚流下的泪水所
化。1907年，美国人安娜·贾维斯提议：母亲节这天，如果母亲健在，
孩子们要在胸前佩戴红色香石竹；如果母亲去世，则佩戴白色香石竹。
据说，香石竹红色的花心是由基督身上滴下的鲜血所化；而在意大利
龙塞科家族的传说中，勇士奥兰多被敌人刺中胸膛，流出的鲜血将白
色的香石竹染成了斑驳的红色。

香石竹的花语为"受伤的心"，其中红白斑纹的花代表"拒绝"，
黄花代表"轻蔑"，白花代表"纯洁的爱"。

香石竹
Dianthus caryophyllus
雷杜德的得意门生潘克拉
斯·贝萨（Pancrace Bessa）
绘制的红白相间的花。➡⑮

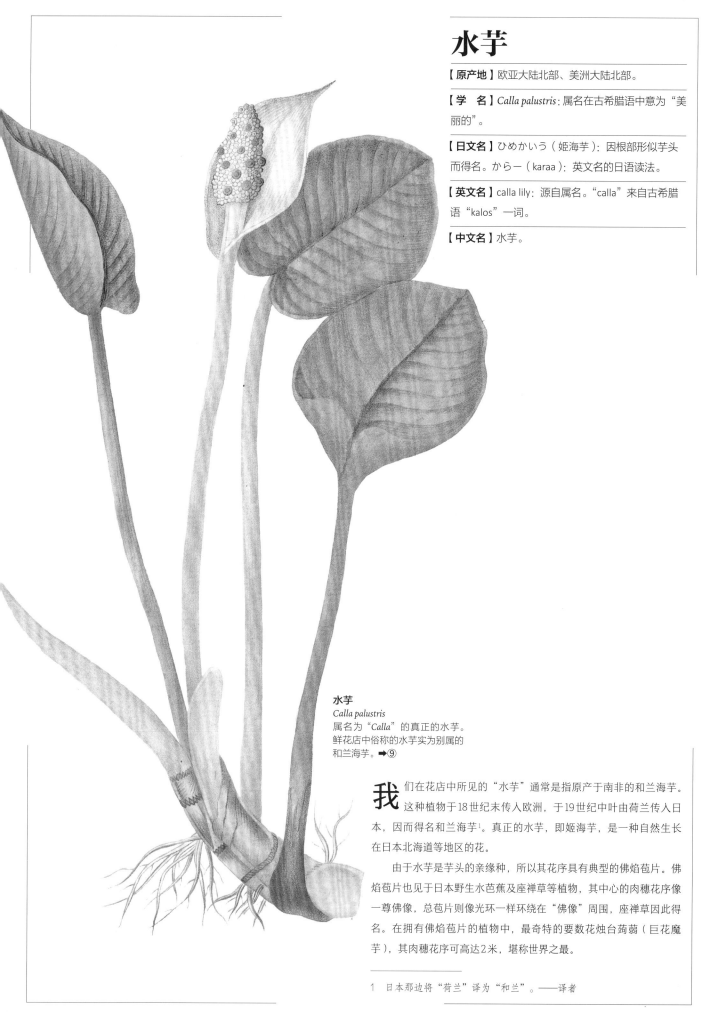

水芋

【原产地】欧亚大陆北部、美洲大陆北部。

【学　名】*Calla palustris*：属名在古希腊语中意为"美丽的"。

【日文名】ひめかいう（姫海芋）：因根部形似芋头而得名。からー（karaa）：英文名的日语读法。

【英文名】calla lily：源自属名。"calla"来自古希腊语"kalos"一词。

【中文名】水芋。

水芋
Calla palustris
属名为"*Calla*"的真正的水芋。
鲜花店中俗称的水芋实为别属的
和兰海芋。➡⑨

我们在花店中所见的"水芋"通常是指原产于南非的和兰海芋。这种植物于18世纪末传入欧洲，于19世纪中叶由荷兰传入日本，因而得名和兰海芋[1]。真正的水芋，即姬海芋，是一种自然生长在日本北海道等地区的花。

由于水芋是芋头的亲缘种，所以其花序具有典型的佛焰苞片。佛焰苞片也见于日本野生水芭蕉及座禅草等植物，其中心的肉穗花序像一尊佛像，总苞片则像光环一样环绕在"佛像"周围，座禅草因此得名。在拥有佛焰苞片的植物中，最奇特的要数花烛台蒟蒻（巨花魔芋），其肉穗花序可高达2米，堪称世界之最。

1　日本那边将"荷兰"译为"和兰"。——译者

美人蕉属

【原产地】中美洲、西印度群岛、印度、马来半岛。

【学　名】*Canna*：属名源于希腊语，意为"足"。或因其茎的形态与脚相似故名。

【日文名】かんな（kanna）：属名的日语读法。だんとく（檀特）：江户时代传入的说法，由来不明，或源自梵语。

【英文名】indian shot：由来不详。canna：属名的英语读法。

【中文名】美人蕉：其意或为形似芭蕉的美丽植物。

美人蕉
Canna indica
原产于南美洲。哥伦布带来的印度美人蕉的园艺品种。➡⑩

美人蕉
Canna indica
园艺交配种。观赏用的品种一般被称为花美人蕉。➡⑩

它是哥伦布发现美洲大陆后最早传入欧洲的植物。16世纪之前，传入欧洲的植物有向日葵、烟草等，这些植物传入时的具体情况无从考证，但均见载于17世纪初期的园艺书籍。早期美人蕉开出的花并不起眼，一直被当作观叶植物栽培。后来，它在法国经过改良，开出了适应盛夏时节的艳丽花朵，也就是我们今天看到的美人蕉。

江户时代初期，一种原产于南亚的美人蕉品种传入日本，名为"檀特"，在19世纪被移植到欧洲。不过，由于它远不如欧洲系美人蕉品种华丽出众，如今已很少见到它了。明治时代末期，西方的美人蕉传入日本。

美人蕉的花语为"年轻恋人的快活"。

风铃草属

【原产地】北半球温带及寒带。

【学　名】*Campanula*：属名源自拉丁语"小小的钟、铃"，因其花形而得名。

【日文名】ふうりんそう（風鈴草）：因其花形为钟状故名。

【英文名】bellflower：属名的英文名意译。

【中文名】风铃草：属名的中文意译。

东欧风铃草
Campanula carpatica
原产于欧洲喀尔巴阡地区。
通常开蓝花，此为罕见的白
色品种。➡②

在欧洲，风铃草自古就是著名的花卉，早在16世纪时便有在花园种植风铃草的记录。

"坎特伯雷之钟"（canterbury bell）是英国最常见的风铃草品种。在聆听这种花的故事之前，请先想象这样的画面：中世纪的城镇周围有片草原，一座大教堂矗立在草原中央，仿佛是童话中的魔法山峰——这里曾是英国最重要的朝圣地。当朝圣者知道再走几公里就能到达朝圣地时，他们会摇响马铃。这是在告知镇上的人们他们已经到达，也是为了向上帝寻求救赎。

"坎特伯雷之钟"曾用来称呼另一种开白花的植物，现用于指称开紫花的风铃草。

风铃草的花语为"感激""悲伤"。

桔梗
Platycodon grandiflorus
东洋之紫。自然生长于日本
及朝鲜半岛。➡③②

桔梗

【**原产地**】东亚。

【**学　名**】*Platycodon grandiflorus*：属名源于希腊语"扁钟"，因其花
形而得名。

【**日文名**】ききょう（kikyou，桔梗）：源于该词最初的音读きちこう
（kichikou）。

【**英文名**】japanese bellflower：意为"日本的钟形花"。baloon-
flower：意为"气球之花"。

【**中文名**】桔梗：桔为桔槔，梗为吊绳。

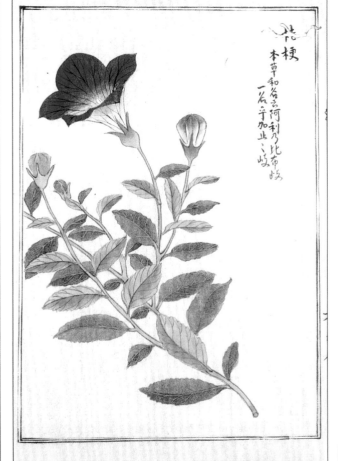

桔梗
Platycodon grandiflorus
接近紫斑风铃草类的植物。
➡⑬

桔　梗是东亚的特产花，自古以来就是日本"秋之七草"的一员，
备受人们喜爱。《万叶集》中名为"朝颜"的植物就是指桔梗。

桔梗古名为"蚁喷火"。将紫色的花朵插入蚁丘，花朵在蚁酸的
作用下会变成鲜红色，因而得名。

不过，桔梗通常被认为是一种不祥之花。各地流传着许多与桔梗
有关的凄美爱情故事及悲剧传说，比如日本关东地区的桔梗冢和桔梗
之原等，它们大多是古战场或刑场的遗址。桔梗是清和源氏土岐氏的
家纹，也是其后裔明智光秀的旗印，本能寺之变时，信长的手下森兰
丸见到这面旗帜，识破了光秀的谋反，此事后来广为流传。

桔梗的花语为"不变的心""温柔的爱"。

菊

【原产地】中国。

【学　名】*Chrysanthemum × morifolium*：属名 *Chrysanthemum* 源于古希腊语中指代"春菊"的词，语源为"黄金之花"。有一种记住该属名的方法是将其记为"禁里样之纹"（该词的日语发音与属名接近）。种加词 *morifolium* 意为"形似桑属的叶子"。桑原种的叶子与菊的叶子非常相似。

【日文名】きく（菊）：中文名的音读。

【英文名】chrysanthemum：属名的英语读法。

【中文名】菊：字意为花瓣聚于一点而开花的植物，原指日本石竹。

菊
Chrysanthemum × morifolium
菊有许多交配种，可以说是人工培育之花。➡️⑨

菊
Chrysanthemum × morifolium
需要注意，日本画与西洋画中此花的形象略有差异。➡️⑰

现今的栽培菊花原产于东方，关于其原种有多种说法，其中最有说服力的是起源于中国宋朝以前的朝鲜菊与野菊的杂交种。在中国，菊科植物的栽培可以追溯到公元前，据说最早是做药用，广泛种植用于观赏则是在宋代以后。到了明朝，作为"花中四君子"之一，菊与兰、竹、梅一起成为水墨画的常见题材。在很长一段时间里，日本仅在宫廷中种植菊花，直到江户时代才开始真正普及。17世纪末期，园艺书籍中记载的菊花品种就多达250种。到了19世纪，人们用菊花仿造出富士山等形状，这种工艺被称为"造物"，后又发展出菊人形（菊偶人），夏目漱石的《三四郎》中描绘的团子坂菊人形十分有名。

菊花的花语为"克服逆境""困难"。菊花也是日本皇室的纹章，象征意义为"丰收""富有""神圣的美"。

夹竹桃属

【原产地】地中海地区、印度。

【学　名】*Nerium*：属名源于古希腊语中与湿气有关的词，迪奥斯科里德曾用过该词。

【日文名】きょうちくとう（夾竹桃）：中文名的音读。

【英文名】oleander：源于拉丁语中"石楠花"的法语口音。

【中文名】夹竹桃："夹"是指叶窄，"竹"是指此种叶片与竹相似，"桃"是指此种花形与桃花相似。

夹竹桃
Nerium oleander
果实细长向下伸展，呈下垂状。➡⑨

夹竹桃
Nerium oleander
原产于地中海沿岸，开重瓣的美丽品种。➡⑨

日本的夹竹桃源于印度原种，在江户时代经中国传入日本，因此没有出现在古文献中。明治初期时引入了地中海沿岸原产的西洋种并广泛种植，如今，在日本的任何公园都能见到它那散发着异国情调的身影。许多人在回忆起意大利庞贝古城时，都会提到夹竹桃的明艳动人。

古希腊有这样一个故事：一位皮肤白皙的女孩即将出嫁，男方却告诉她，只有皮肤像夹竹桃一般的姑娘才能成为新娘。于是，她用夹竹桃的汁液染了自己的脸，得以顺利出嫁。

夹竹桃的叶子、树枝、树根甚至花都有毒。曾经驻军西班牙的拿破仑士兵用夹竹桃枝条穿着肉烧烤吃，结果中毒身亡。在希腊和意大利，夹竹桃则是一种葬礼用花。

夹竹桃的花语为"谨慎""危险"。

金盏花

【原产地】地中海地区及其周边。

【学　名】_Calendula officinalis_：属名源自拉丁语"朔日"一词，该词也是"历"一词的由来，据说是因为它的花期长达一个月，亦有说法称是其全年开花或花朵形似钟的缘故。据英国16世纪草药学家杰拉尔德所说，该花几乎都在每个月的第一天开花。

【日文名】きんせんか（金盏花）：中文名的音读。

【英文名】marigold：意为"圣母马利亚的黄金"。

【中文名】金盏花：意为金黄色的杯形花。

金盏花
Calendula officinalis
原产于南欧。过去更具代表性的是欧洲金盏花。➡⑨

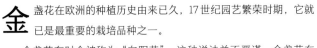

金盏花在欧洲的种植历史由来已久，17世纪园艺繁荣时期，它就已是最重要的栽培品种之一。

金盏花有时会被称为"向阳花"，这种说法并不严谨。金盏花在黎明开放，白天面向太阳，傍晚闭合，所以在伊丽莎白时代也被称为"太阳之花"。作为夏至之花，它还有别名"夏日新娘""农夫的日晷"。其英文名"marigold"意为"圣母马利亚的黄金"，它不畏惧暴风雨等恶劣天气，面向太阳（基督或爱人）开放，面向黑暗（魔鬼）则闭合。不过，还有其他几种花也被称为"marigold"，请参阅"万寿菊"一节。

金盏花的花语多为消极意义，如"悲伤""嫉妒"，但在古代却有美好的含义，是"爱情""婚姻"的象征。

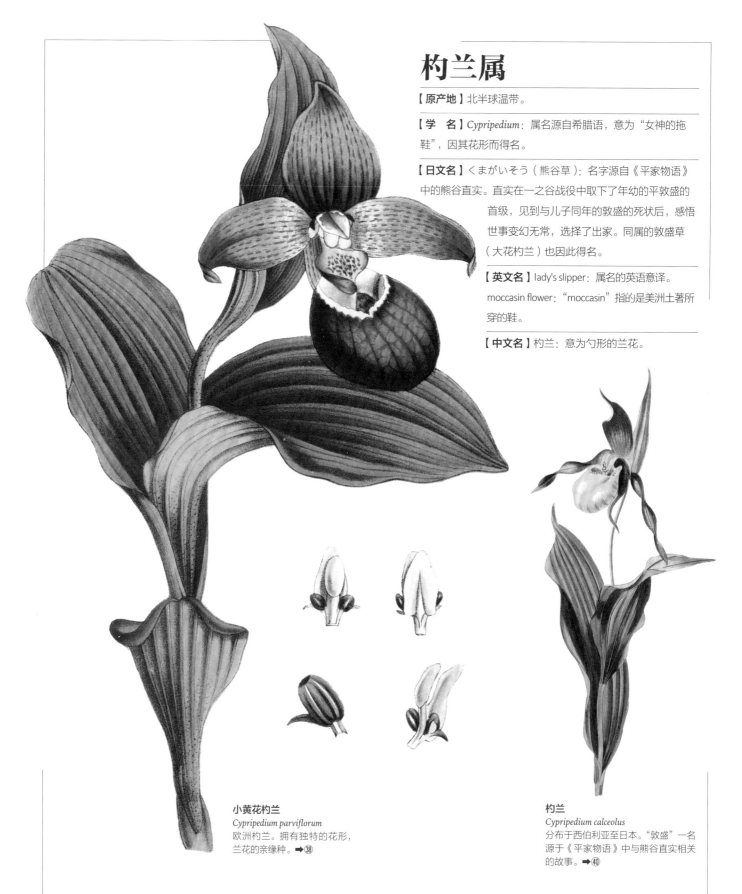

杓兰属

【原产地】北半球温带。

【学　名】*Cypripedium*：属名源自希腊语，意为"女神的拖鞋"，因其花形而得名。

【日文名】くまがいそう（熊谷草）：名字源自《平家物语》中的熊谷直实。直实在一之谷战役中取下了年幼的平敦盛的首级，见到与儿子同年的敦盛的死状后，感悟世事变幻无常，选择了出家。同属的敦盛草（大花杓兰）也因此得名。

【英文名】lady's slipper：属名的英语意译。moccasin flower："moccasin"指的是美洲土著所穿的鞋。

【中文名】杓兰：意为勺形的兰花。

小黄花杓兰
Cypripedium parviflorum
欧洲杓兰。拥有独特的花形，兰花的亲缘种。➡️38

杓兰
Cypripedium calceolus
分布于西伯利亚至日本。"敦盛"一名源于《平家物语》中与熊谷直实相关的故事。➡️40

在花店，它的属名"*Cypripedium*"更为人所熟知。杓兰的种加词是"*japonicum*"（日本的），最早由林奈的学生、到访日本的植物学家卡尔·彼得·通贝里记载，原为"*Thunbergia*"。

有这样一则逸事：有一次，通贝里发现了这种花，他向当地的日本人打听花名，但没有得到答案，于是便向一位草药学者请教。这位学者也不知道，又怕旁人觉得自己无知，便随口说了个"熊谷草"——

熊谷草拥有形状奇特的唇瓣，就像歌舞伎中熊谷直实穿着的"母衣"（护具）。还有人说，如果把熊谷草和敦盛草种在一起，敦盛草就会枯萎，但事实是二者的生长环境有所不同。

在各地方言中，杓兰花常被称为男女的性器官。从侧面看，花很像睾丸，从正面看又会让人联想到阴唇，因而得名。

杓兰的花语为"变幻莫测的美"。

唐菖蒲属

【原产地】非洲热带地区、地中海沿岸、
小亚细亚。

【学　名】*Gladiolus*：属名源自古拉丁语
中表示"小剑"的词，以叶片形似剑而
得名，由老普林尼命名。

【日文名】ぐらじおらす（kujiorasu）：
属名的音译读法。とうしょうぶ（唐菖
蒲）：意为"产于外国形似菖蒲的植物"。

【英文名】sword lily："剑之百合"，与
属名语源相同。

【中文名】唐菖蒲：源于日文名。

唐菖蒲的一种
Gladiolus × pudibundus
春天开花的唐菖蒲。大部分品
种出自人工培育。➡⑱

唐菖蒲原产于地中海，自古以来就是克里特岛的特产植物，后与各种非洲品种杂交，形成了今天的园艺品种。

唐菖蒲分为春开品种和夏开品种。现在的种植品种大多为开大轮花的夏开品种。地中海地区的唐菖蒲都是春开品种，花朵小，颜色变化少，并不受欢迎。18世纪上半叶，人们从南非引进了一些唐菖蒲品种，并将它们与本地品种杂交，培育出了新的春开品种。此外，莫桑比克产的原种经过杂交，于19世纪中叶在比利时培育出了夏开品种。

唐菖蒲在天保年间（1830—1844年）传入日本，于明治时代末期开始推广种植。

唐菖蒲的花语为"你刺痛了我的心"，象征意义为"备战完毕"。

铁筷子属

【原产地】欧洲、地中海沿岸、西亚。

【学　名】*Helleborus*：属名为本植物的古希腊语。希波克拉底曾用过本名，意为"能杀死人的食物"，因其有毒性而得名。

【日文名】くりすますろーす（kurisumasurouzu）：英文名的日语读法。せつぶんそう（節分草）：节分时开花的花草，需注意日本野生的同属异种也用此名。

【英文名】christmas-rose：意为在圣诞节开花的玫瑰。

【中文名】铁筷子。

黑铁筷子
Helleborus niger
分布于欧洲的品种。
➡⑦

铁 筷子生长于地中海以东地区，在16世纪传入英国。它在圣诞节开花，偶尔会被用于圣诞贺卡的设计。中世纪的神秘剧记载了它的故事：一位乡下的牧羊女哀叹自己没有礼物可以送给圣婴耶稣。一位天使为她感到惋惜，他触摸大地，让一朵圣诞玫瑰绽放，女孩便带着花去了。

同属的东方种（东方圣诞玫瑰）开花稍晚，大约在2月的四旬节前后。因此，它在中东被称为"四旬节玫瑰"，在日本则被称为"节分草"。

这种花在欧洲一直被当作药草，特别是从古希腊时期至17世纪，铁筷子一直被人们用于治疗麻痹疯癫。

铁筷子的花语为"中伤""疯狂""安慰"。

铁线莲

【原产地】世界温暖地带。

【学　名】_Clematis florida_：属名源自拉丁语，意为"爬山虎的嫩枝"，由迪奥斯科里德命名，用来形容拥有长而柔软的枝条的植物。

【日文名】ぼたんづる（牡丹蔓）：因其叶似牡丹，又属攀藤植物故名。てっせん（鉄綫）：中国品种的叫法，中文名的日语读法。かざぐるま（風車）：因其花朵形似玩具风车而得名。はんしょうづる（半鐘蔓）：因其花朵形似悬挂的吊钟而得名。

【英文名】clematis：源自拉丁语，可追溯到16世纪。

【中文名】铁线莲：意为藤蔓如铁丝般强韧的莲花，基本用来指代中国原产的品种。

转子莲
Clematis patens
俗名大花铁线莲，原产于中国等地，风车状花朵是其魅力所在。➡⑯

早在古罗马时代，欧洲人就对铁线莲耳熟能详，但直到19世纪中叶人们才培育出杂交品种。日本从江户时代早期就开始培育铁线莲及转子莲的各式园艺品种，在培育铁线莲方面，日本的园艺师经验老到。

这种植物能结出美丽芳香的蓝色花朵。其树皮有毒，人在触碰后会引起暂时性红肿。在西方，乞丐会故意用它的藤蔓在自己身上弄出疖肿以博取同情，因此，它在中世纪代表着"狡猾""虚伪"。铁线莲还被种植在建筑物的入口和道路两旁，为长途跋涉的旅客提供清凉的树荫，因此也被称为"旅客之乐"。据说日式旅馆的玄关一定会种植铁线莲，寓意着旅客能安然入睡。此外，它干枯的茎可以当作香烟一样抽，所以也被称为"香烟茎"。

铁线莲的花语为"心灵美"，象征意义为"休息""安全"。

番红花属

【原产地】地中海沿岸。

【学　名】*Crocus*：属名源于希腊语中从同种植物中提取的药物藏红花。语源为"krovkh"一词，意为"细线"。由希腊植物学家泰奥弗拉斯特命名，因其雄蕊像线一样而得名。

【日文名】くろっかす（kurokkasu）：英文名的日语读法。

【英文名】crocus：属名的英语读法。

【中文名】番红花。

美丽番红花（右）
Crocus speciosus
高加索的番红花，与藏红花同花色。左侧图为渐变番红花（*C.tommasinianus*）。➡②

金黄番红花
Crocus chrysanthus
分布于小亚细亚。➡②

鲜黄番红花
Crocus flavus
欧洲产的黄色番红花。➡②

希腊神话中，宙斯和他妻子赫拉在伊达山上的床就用这种花装饰。又有说宙斯和赫拉躺在山顶时，番红花因宙斯的体温而发芽。因此在古代，人们会用它装饰婚床。在其他神话中，克罗科斯对仙女斯弥拉克斯爱而不得，郁郁而亡，死后化身番红花；也有说法称番红花生于被绑在高加索山上的普罗米修斯的鲜血中。罗马人将这种花撒在宴会厅中用作装饰。

红色番红花的花语为"渴望""青春的喜悦"，黄花的花语为"羡慕"。

其象征意义为"死亡""勇气"。人们认为它在2月14日开花，因此将其献给圣瓦伦丁（Valentinus）。

君子兰

【原产地】南非。

【学　名】*Clivia miniata*：属名源自诺森伯兰郡克莱夫公爵夫人的娘家姓"Clive"。

【日文名】くんしらん（君子蘭）：意为君子之兰。另有一种名为紫君子兰的植物，属于别科。うけざきくんしらん（受け咲き君子蘭）：以前曾被误称为君子兰的植物，可以通过观察其开花的样子与君子兰进行区分。

【英文名】kaffir-lily：意为卡菲尔人之兰。

【中文名】君子兰：源于日文名。

君子兰
Clivia miniata
原产于南非。形似孤挺花，过去曾被认为是孤挺花的同类。➡⑮

1 9世纪初期，英国植物猎人詹姆斯·鲍伊发现了君子兰。他受英国皇家植物园园长约瑟夫·班克斯之命前往南非，于1816年10月抵达开普敦。在这片土地上，他花了7年时间到处游历，探索植物，并在沿海地区进行植物狩猎。

据悉，乔治·雷克斯（George Rex）对鲍伊的采集之行影响极大。雷克斯是英国国王乔治三世的私生子，为了国家利益，不得已离开了自己的国家。传言乔治·雷克斯生性多情，育有好几个混血子女。

据说日文名"君子兰"是在1892年（明治25年）由时任东京理科大学助教的大久保三郎提出的，或许是因为他了解君子兰被发现时的相关情况。

君子兰的花语为"我感受到你的高洁"。

鸡冠花

【原产地】热带地区。

【学 名】 *Celosia cristata*：
属名源自希腊语"燃烧"
一词，因花朵看起来像在
燃烧一般而得名。

【日文名】けいとう（鶏
頭）：因花序长势形似鸡
冠而得名。

【英文名】cockscomb：意
为"雄鸡的鸡冠"。

【中文名】鸡冠花：意为
形似鸡冠的花。

Pl. XXXIII.

鸡冠花
Celosia cristata
原产于亚洲热带地区。形似"鸡冠"
的部分是花茎上端硕大的部位，下
面还有许多小花。➡㉒

此花在世界各地都被比作形似鸡冠的花。鸡冠花在欧洲已有200年的栽培历史，目前它在西欧各国语言中的叫法均被认为源于林奈所命名的种加词"*cristata*"（意为鸡冠），而林奈是基于它的中文名来命名的。

10世纪时，中国的文献就有关于这种花的记载。在中国，相传一只公鸡消灭了蜈蚣精，蜈蚣精死后被埋葬的地方长出了鸡冠花，因此，凡是长有鸡冠花的地方就没有蜈蚣。后来，由于"冠"和"官"同音，鸡冠花常常作为寓意画的主题，象征着官吏的升迁。

日本《万叶集》称鸡冠花为"辛蓝"，17世纪末日本最早的园艺书《花坛纲目》中也有提及这种花，江户时代中期已培育出各种颜色的品种。

鸡冠花的花语为"奇妙""时髦"。

艳山姜

【**原产地**】亚洲热带地区。

【**学 名**】*Alpinia zerumbet*：属名源自16—17世纪意大利植物学家、帕多瓦大学教授阿尔皮尼（Alpini）之名。

【**日文名**】げっとう（月桃）：中国闽南语的音读。

【**英文名**】shell flower,shell ginger：意为"贝壳之花"，因其花朵形似贝壳而得名。

【**中文名**】艳山姜。

艳山姜
Alpinia zerumbet
原产于亚洲热带地区的美丽品种。日本九州南部也有分布。➡⑭

艳山姜的主要产地为印度，但直到近年，欧洲人仍认为它是中国和日本的植物。在欧洲，英国皇家植物园园长约瑟夫·班克斯于1792年第一次提到艳山姜。现在日本鹿儿岛县野生的艳山姜很可能是从中国传入日本的。顺便一提，"月桃"这个称呼源于中国的闽南语。

艳山姜属于姜科植物。姜科有许多香料植物，如姜黄、豆蔻、生姜等。尽管同属中的药用植物有很多，但艳山姜一般不会被用来制作香辛料。不过，东南亚一带的人们有时会用它的叶子来给食物调味。

艳山姜的叶子可用作建筑材料或包裹食物，假茎的纤维可用于制作垫子和绳索，其中心柔软的部分有时也可食用。日本的八丈岛种有这种植物，主要用于插花。

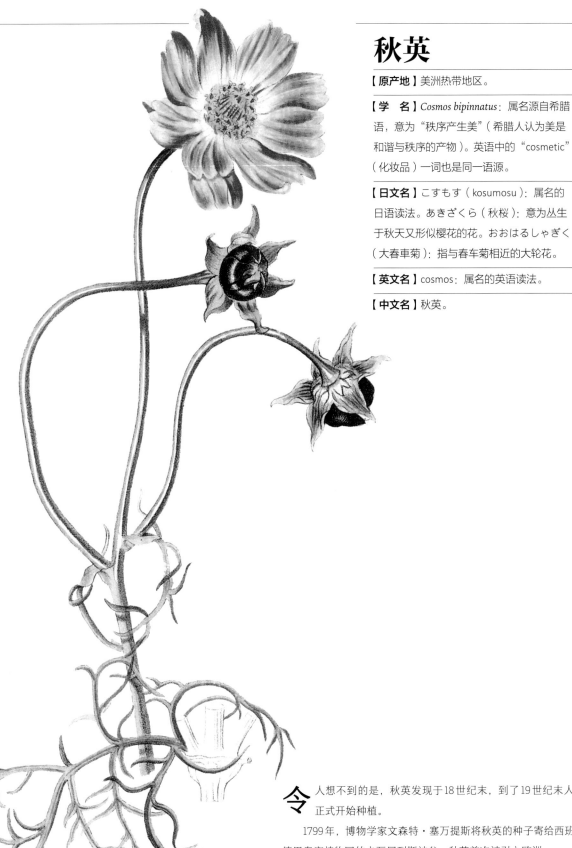

秋英

【原产地】美洲热带地区。

【学　名】Cosmos bipinnatus：属名源自希腊语，意为"秩序产生美"（希腊人认为美是和谐与秩序的产物）。英语中的"cosmetic"（化妆品）一词也是同一语源。

【日文名】こすもす（kosumosu）：属名的日语读法。あきざくら（秋桜）：意为丛生于秋天又形似樱花的花。おおはるしゃぎく（大春車菊）：指与春车菊相近的大轮花。

【英文名】cosmos：属名的英语读法。

【中文名】秋英。

秋英
Cosmos bipinnatus
原产于墨西哥。据说由日本工部美术学院的教师文森佐·拉古萨（Vincenzo Ragusa）传入日本。➡㉔

令人想不到的是，秋英发现于18世纪末，到了19世纪末人们才正式开始种植。

1799年，博物学家文森特·塞万提斯将秋英的种子寄给西班牙马德里皇家植物园的卡瓦尼列斯神父，秋英首次被引入欧洲。

彼时，在开明君主卡洛斯三世的统治下，落后的西班牙终于迎来了改革的浪潮。卡洛斯三世计划开发中南美这片仅存的殖民地，并将探索工作委托给了博物学家。然而，两年后保守的卡洛斯四世继承了国王的位置，探险队也随之陷入困境。西班牙在数年后又卷入拿破仑战争，战后，当时的秋英发现地墨西哥宣布独立。

秋英的花语为"善行"，其中红花代表"少女的真心"，白花代表"少女的纯洁"。

李属

【原产地】亚洲东部。

【学 名】*Prunus*：由老普林尼使用，源于李子的拉丁名。

【日文名】さくら（桜）：关于其语源有诸多说法，均认为与"开花"（saku）一词有关联。

【英文名】cherry-tree：源于希腊语中指代樱桃的词。

【中文名】樱花：在中国，"樱"字本指山樱桃，沿用日语的意思以表示樱花是近年的事。

御衣黄樱
Prunus serrulata var. *lannesiana*
写作"御衣黄"，带有黄色。➡32

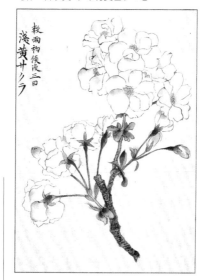

樱花
Prunus sp.
分布于中国、日本。蔷薇科植物，已知的有 20～30种。➡13

樱树在日本是花木，在西方却是果树，契诃夫的《樱桃园》描述的就是果园。在日本，樱花自古以来就是报春之花，自平安时代起一直是花中之王。赏樱的习俗早在平安时代就有了。到了江户时代，八代将军德川吉宗在隅田川沿岸栽种樱花树，从此，赏樱便成了春天城市里最重要的消遣活动，连普通百姓也可以一饱眼福。

吉野山是最有名的赏樱胜地，在江户时代，飞鸟山、御殿山、向岛等郊外赏樱地也开始声名大噪。上野公园的樱花树始栽于明治时代。

明治时代末期，日本向美国华盛顿特区赠予樱花树，也许是为了纪念年幼时曾经砍过樱花树的乔治·华盛顿。再说到日本文学，从西行法师到坂口安吾、梶井基次郎，在他们的美学中，盛放的樱花寄寓着死亡的意象。

樱花的花语为"良好的教育""独立"。其象征意义为"谦让""富有""款待"。

报春花属

【原产地】北半球温带。

【学　名】*Primula*：源于拉丁语"最初"。因其在2月末至3月初刮猛烈南风时开花而得名。

【日文名】さくらそう（樱草）：因其花形似樱花而得名。

【英文名】primrose：学名变形后再加上"rose"。

【中文名】报春花：意为报知春天到来的花。

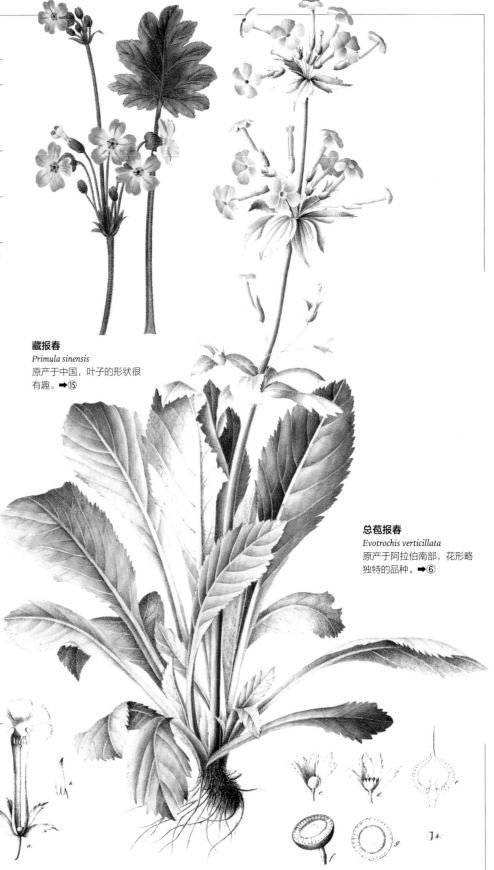

藏报春
Primula sinensis
原产于中国，叶子的形状很有趣。➡⑮

总苞报春
Evotrochis verticillata
原产于阿拉伯南部，花形略独特的品种。➡⑥

无论东西方，报春花作为园艺品种都有着悠久的种植历史。在日本江户时代，它深受武士阶层的喜爱。当时，报春花品评会办得十分低调，甚至连酒都不摆。据说最早是因为一位将军在鹰狩时爱上了这种花，武士们便开始竞相栽种报春花。

在西方，报春花是春天的使者。希腊神话中，一位名叫巴拉利索斯的年轻人因失去未婚妻而痛苦殉情，死后化为报春花。因此，报春花成了悲伤和死亡的象征。法国大革命期间，贵族们用报春花互报平安，在英国这种花则被用来装饰棺材。因其在早春绽放，也被称为"青春之花"，人们还用"报春花歧途"一词来描述在享乐中沉沦的年少时光。19世纪英国政治家本杰明·迪斯雷利非常喜欢这种花，他的忌日4月19日被定为"报春花日"。

报春花的花语为"悲伤""爱情的希望"。

仙客来属

【原产地】地中海沿岸。

【学　名】Cyclamen：属名源于希腊语中"球"一词。关于其得名理由众说纷纭，牧野富太郎认为是因为它的块根几乎为球形而得名。中村浩则提出了不同看法，他认为是由于它的茎回旋着向上延展而得名。

【日文名】かがりびばな（篝火花）、ぶたのまんじゅう（豚の饅頭）：二者由来请参阅正文。

【英文名】cyclamen：属名的英语读法。sow bread：意为"猪面包"。

【中文名】仙客来：属名的音译。

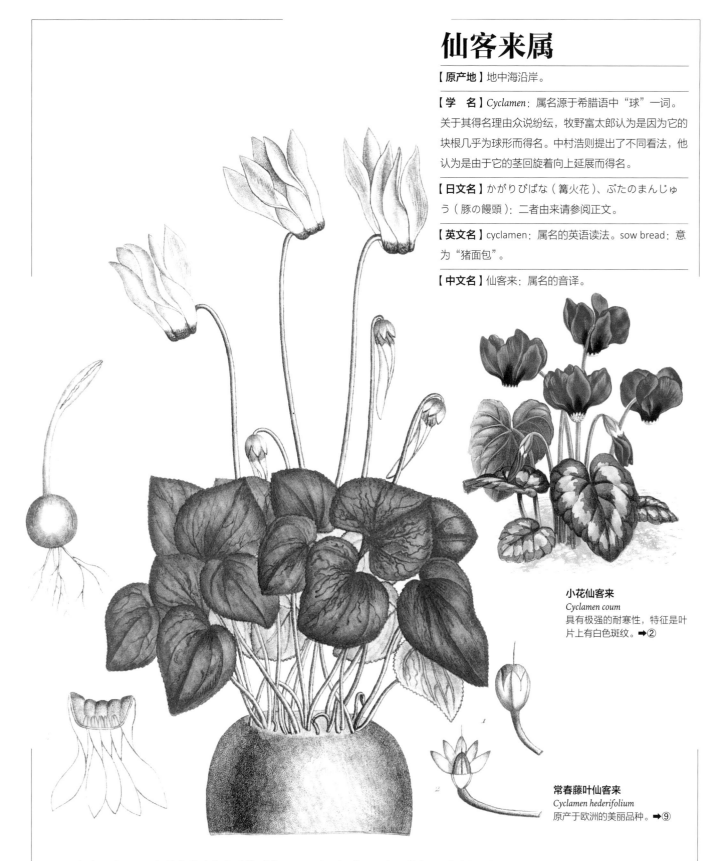

小花仙客来
Cyclamen coum
具有极强的耐寒性，特征是叶片上有白色斑纹。➡②

常春藤叶仙客来
Cyclamen hederifolium
原产于欧洲的美丽品种。➡⑨

仙客来原种于1731年从塞浦路斯岛移植到英国。不过，直到1870年左右，其园艺品种与野生品种相比，花朵大小和形状并无明显区别。之后，人们培育出紫色系及红色系的大轮品种，仙客来在20世纪初期已是重要的园艺植物。

牧野富太郎为仙客来取了一个日本名字，叫"篝火花"，此名源于九条武子将这种花比作"篝火一般的花"。它的另一个日本名字是"豚馒头"，据说是由其块根形状联想而来，也可能是英文名"sow bread"（猪面包）的意译。地中海沿岸的野猪和放养的猪喜欢吃块根，因而得名。

仙客来自古希腊时代起就是产妇的常备药。人们认为它的叶片具有促进分娩的作用，后又引申出另一种说法——如果孕妇坐在仙客来上便会流产。

这种花在基督教中被称为"圣诞花"，意指"流血的修女""圣母马利亚的流血之心"。

仙客来的花语为"羞涩""疑惑"。

杜鹃花属

【原产地】欧亚大陆东部、北美洲。

【学　名】*Rhododendron*：属名为希腊语中"玫瑰树"之意，西洋夹竹桃的曾用名。

【日文名】しゃくなげ（石南花）：将中国的石南花误认为是本植物。

【英文名】rhododendron：属名的英语读法。

【中文名】杜鹃花：意为杜鹃之花。

爪哇杜鹃
Rhododendron javanicum
常绿植物，有10枚雄蕊，典型的杜鹃花类。原产于爪哇。➡25

比起日本，杜鹃花在欧洲的种植范围更广，是杜鹃花属常绿植物的总称。

说起杜鹃花，就不得不提到英国的植物学家约瑟夫·道尔顿·胡克，他生于植物学世家，本人又是英国皇家植物园园长约瑟夫·班克斯的接班人，可以说是前途无量。

然而，他在1848年推掉各种工作，与他的女友（剑桥大学植物

学教授的女儿）分手，前往中国西藏。在喜马拉雅地区，他发现了多达28个杜鹃花品种，这位年轻的植物学家也因此声名大噪。

在日本，杜鹃花是一种药用植物，主要用作补药。过去，它还被视为长寿药。

杜鹃花的花语为"危险""威严"。

芍药

【原产地】中国北部。

【学　名】*Paeonia lactiflora*：属名源于希腊神话中医神派安（Paean）的名字，由泰奥弗拉斯特命名。

【日文名】しゃくやく（芍薬）：中文名的音读。

【英文名】Chinese peony：属名的英语读法前加上形容词"Chinese"。

【中文名】芍药：《汉书》有"勺药之和"一说，意为调和食物的味道，这与芍药不无关系。芍药在过去直接被当作调味品，它的根现在仍然是中药的原料。

芍药
Paeonia lactiflora
与中国牡丹关系亲密，也是草本类牡丹的总称。➡㉒

芍药虽与牡丹同属，但牡丹为木本植物，芍药则是草本植物。俗话说"立如芍药，坐如牡丹"，与沉甸甸的牡丹相比，芍药显得更"小家碧玉"，花朵婀娜多姿。在中国，芍药早在公元前就作为药材而种植，公元4世纪时有记载称它是供佛的花。宋朝时，重瓣花等芍药品种出现，并涌现了许多大型芍药花园。日本平安时代也有相关记载，但它们是否就是现在所说的芍药还不能肯定。到了江户时代，人们正式对芍药进行园艺栽培，17世纪末时已经有了100多个品种。

在西方，其近缘种荷兰芍药自古以来就是重要的药材，甚至被视为"希腊医神之草"，地位堪比药中之王。18世纪以后，法国积极推进荷兰牡丹与中国品种的杂交。

芍药的花语为"羞耻心"，其象征意义为"治愈""愤怒"。

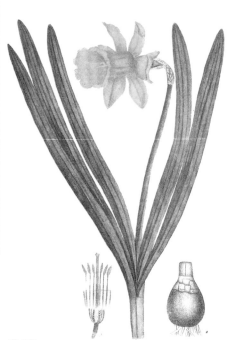

黄水仙
Narcissus pseudonarcissus
欧洲最为常见的黄色水仙。➡️⑨

水仙属

【原产地】地中海沿岸及其周边。

【学　名】*Narcissus*：属名源自希腊神话中的美少年纳西索斯（Narcissus）。语源为希腊语中"麻痹"一词，因其根部能致人发麻而得名。

【日文名】すいせん（水仙）：中文的日语读法。

【英文名】narcissus：属名的英语读法。daffodil：黄水仙在希腊语中意为"黄泉之花"，古时候被种植在墓地。

【中文名】水仙：与天仙、地仙相对，意为水中的仙人。

黄水仙
Narcissus pseudonarcissus
栽培种如图所示。➡️⑨

欧洲水仙
Narcissus tazetta
地中海沿岸的美丽水仙。➡️㉞

水　仙起初自然生长于欧洲，16世纪起得以在英国、荷兰等地广泛栽培。17世纪约翰·帕金森的《园艺大要》中列举了上百种水仙。不过，水仙真正开始杂交是在19世纪末期。

在西方，人们将白色水仙称为"纳西索斯"。希腊神话中，纳西索斯曾被许多女子追求，但都被他一一拒绝了。于是，复仇女神涅墨西斯施计让他爱上了水中自己的倒影，纳西索斯迷恋上自己，最终溺亡。他死后，水边长出了水仙花，花朵微微向下倾斜，像极了纳西索斯望向水面的样子。

关于黄水仙还有另一个神话传说。据说，冥王哈迪斯触碰了戴着水仙花冠而眠的珀耳塞福涅，白色的花朵变成了黄色。

水仙的花语为"自恋"，黄水仙的花语则为"没有结果的爱情"。

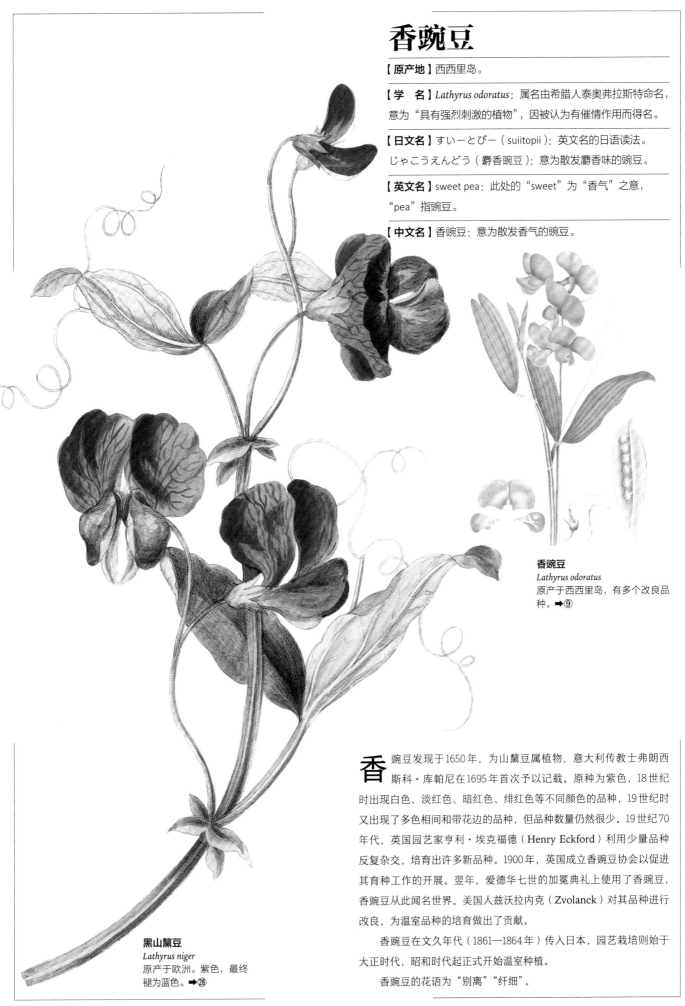

香豌豆

【原产地】西西里岛。

【学　名】*Lathyrus odoratus*：属名由希腊人泰奥弗拉斯特命名，意为"具有强烈刺激的植物"，因被认为有催情作用而得名。

【日文名】すいーとびー（suiitopii）：英文名的日语读法。じゃこうえんどう（麝香豌豆）：意为散发麝香味的豌豆。

【英文名】sweet pea：此处的"sweet"为"香气"之意，"pea"指豌豆。

【中文名】香豌豆：意为散发香气的豌豆。

香豌豆
Lathyrus odoratus
原产于西西里岛，有多个改良品种。➡⑨

黑山黧豆
Lathyrus niger
原产于欧洲。紫色，最终褪为蓝色。➡㉘

香豌豆发现于1650年，为山黧豆属植物，意大利传教士弗朗西斯科·库帕尼在1695年首次予以记载。原种为紫色，18世纪时出现白色、淡红色、暗红色、绯红色等不同颜色的品种，19世纪时又出现了多色相间和带花边的品种，但品种数量仍然很少。19世纪70年代，英国园艺家亨利·埃克福德（Henry Eckford）利用少量品种反复杂交，培育出许多新品种。1900年，英国成立香豌豆协会以促进其育种工作的开展。翌年，爱德华七世的加冕典礼上使用了香豌豆，香豌豆从此闻名世界。美国人兹沃拉内克（Zvolanck）对其品种进行改良，为温室品种的培育做出了贡献。

香豌豆在文久年代（1861—1864年）传入日本，园艺栽培则始于大正时代，昭和时代起正式开始温室种植。

香豌豆的花语为"别离""纤细"。

睡莲属

【原产地】全世界（干燥地带、寒带除外）。

【学　名】Nymphaea：属名源自水仙女"宁芙"（Nymph）一词，自古以来就指称睡莲。

【日文名】すいれん（睡莲）：中文名的音读。ひつじぐさ（未草）：意为在未刻（下午2点左右）开花的草，实际开花时间并不固定，闭合时间为傍晚6点左右。

【英文名】water-lily：意为"水中的百合"。

【中文名】睡莲：开花后又在当天闭合，意为睡觉的莲花。

印度红睡莲
Nymphaea rubra
原产于印度，花从水中绽放。➡38

蓝睡莲
Nymphaea nouchali var. *caerulea*
原产于北非、尼罗河，古埃及的圣花。➡15

睡莲分为热带睡莲（美洲睡莲）和耐寒睡莲两系，后者于18世纪末开始园艺栽培。19世纪末，法国园艺家拉图尔-马利亚克（Latour-Marliac）培育出许多睡莲的园艺品种。热带睡莲则于20世纪被引入美国。

在埃及，人们将涨水期间盛开的睡莲视为生产力的象征。不仅如此，睡莲在傍晚闭合，翌日清晨又浮出水面开花，人们不由得将其与重生联想在一起，因此被用于木乃伊的装饰、出船仪式、祭祀用品等。由于其花朵形状像王冠而被视为王位的象征，也是奥西里斯的所有物。据说太阳神荷鲁斯就诞生于这种植物，并被描绘成站在花朵中心的形象。埃及莲花纹饰的侧面能看到变形后的棕榈纹，而棕榈纹在美术史上意义深远。莲花纹经丝绸之路传入日本，与希腊的莨苕纹一道，构成工艺建筑装饰的两大源泉。

睡莲的花语为"纯洁""信仰""清净"。

铃兰属

【原产地】欧洲、东北亚。

【学　名】*Convallaria*：源于拉丁语中"山谷百合"之意。

【日文名】すずらん（鈴蘭）：意为兰花般的花，能开出形似铃铛的花朵。きみかげそう（君影草）：名称由来不详，据说是得名于其惹人怜爱的模样。

【英文名】lily-of-the-valley：拉丁名的意译。

【中文名】铃兰：源于日文名。

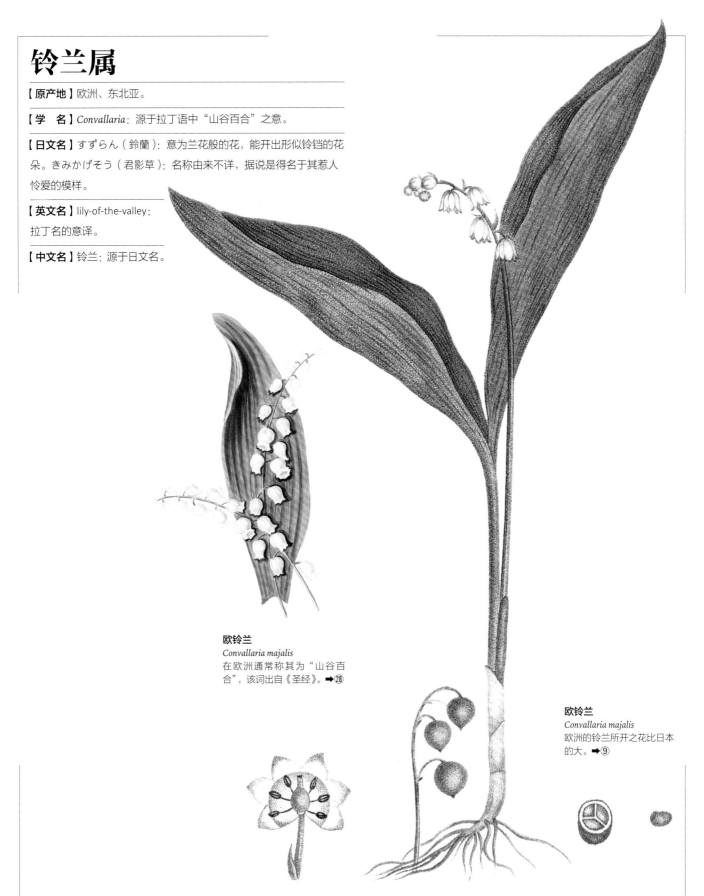

欧铃兰
Convallaria majalis
在欧洲通常称其为"山谷百合"，该词出自《圣经》。➡㉘

欧铃兰
Convallaria majalis
欧洲的铃兰所开之花比日本的大。➡⑨

铃兰自16世纪起作为药用植物种植，18世纪时出现了斑纹花和重瓣花等栽培品种，19世纪时作为观赏植物受到人们的青睐。

铃兰在基督教中作为圣母马利亚之花，象征着纯洁。爱尔兰人认为它是妖精的游乐园，因此称其"妖精之梯"。文艺复兴时期，人们认为铃兰是治疗中风、风湿病等疾病的良药，所以大规模地种植铃兰。铃兰含有毒物质，具有与洋地黄相似的强心药效。根据法国传说，

559年，圣人莱昂纳德将一条恶龙驱逐出森林，在龙流下的鲜血中诞生了这种花。圣灵降临节和五朔节时，人们会用铃兰做装饰，种加词"在五月盛开"因而得名。法国人在5月1日互赠铃兰，据说收到花的人可以收获幸福。

铃兰的花语为"幸福来临""纯洁"，其象征意义为"优美""甜蜜""圣母马利亚的眼泪"。

鹤望兰

【原产地】南非。

【学　名】*Strelitzia reginae*：属名源自乔治三世的王后梅克伦堡-施特雷利茨的夏洛特（Charlotte of Mecklenburg-Strelitz）的家族名。

【日文名】こくらくちょうか（極楽鳥花）：英文名的日语意译。

【英文名】bird-of-paradise flower：颜色和形态像极乐鸟的花。

【中文名】鹤望兰："鹤望"指鹤伸长脖子期待着，或因将花的形状比作鹤的脖子而得名。

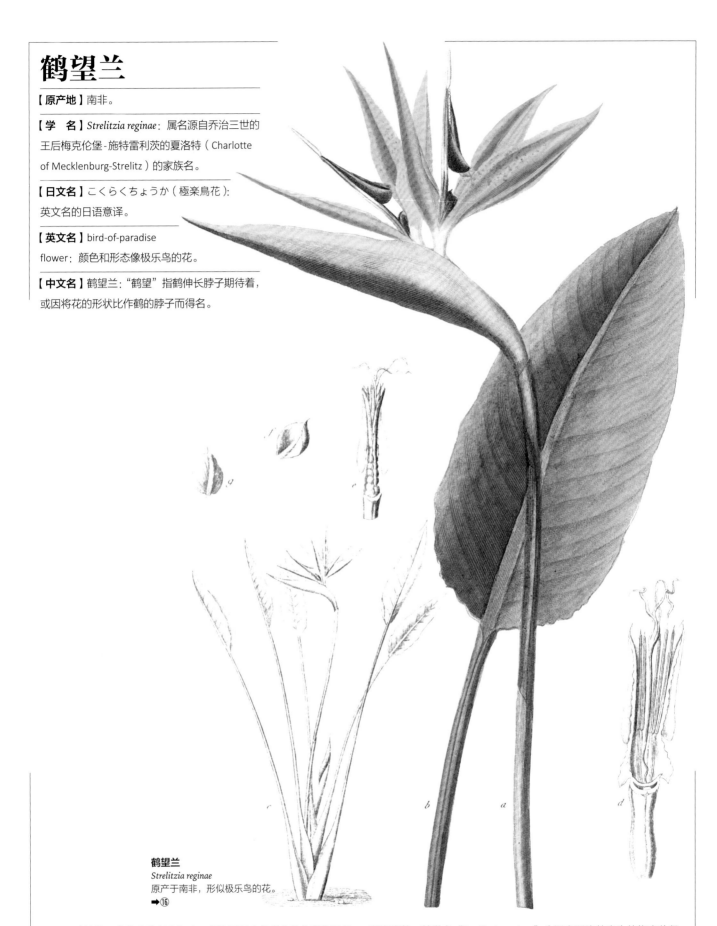

鹤望兰
Strelitzia reginae
原产于南非，形似极乐鸟的花。
➡⑯

这种植物是由林奈的得意门生、曾旅居日本的瑞典植物学家通贝里发现的。1773 年，通贝里将鹤望兰的球茎寄回祖国。《花之神殿》的作者桑顿称它为"女王之花"。18 世纪末，最初将这种花带到英国的是弗朗西斯·马森，他是英国皇家植物园正式任命的第一位植物猎人。英国皇家植物园园长班克斯将鹤望兰献给了乔治三世的王后夏洛特，其学名"*Strelitzia reginae*"也源自夏洛特出生的梅克伦堡-施特雷利茨家族名。作为英国的植物战略前沿阵地，英国皇家植物园至今仍种植着马森寄给班克斯的各式鹤望兰品种。

鹤望兰的花语为"创造力""独创性""为恋爱打扮的男子"。

雪滴花

【原产地】地中海沿岸及其周边、高加索地区。

【学　名】*Galanthus nivalis*：属名源自希腊语，意为"乳白色之花"，因其花色为白色而得名。

【日文名】すのーどろっぷ（sunoudoroppu）：英文名的日语读法。まつゆきそう（待雪草）、ゆきのはな（雪の花）：均为英文名的意译，暂未完全普及。

【英文名】snowdrop：名字虽然与雪有关，但此处的"drop"并非指"水滴"，而是"耳环"的意思。

【中文名】雪滴花：雪之花。

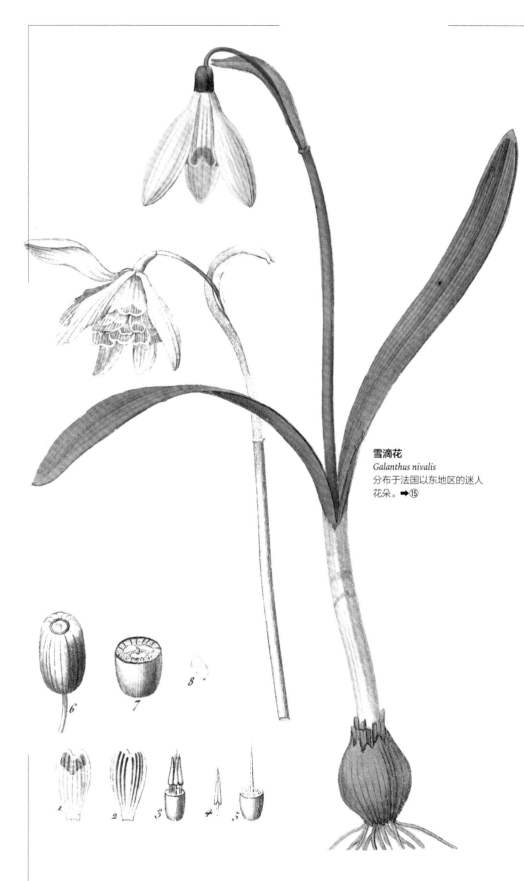

雪滴花
Galanthus nivalis
分布于法国以东地区的迷人花朵。➡⑮

　　雪滴花在西欧冬末早春时开花，因其高洁的形象而被视为圣母马利亚之花，是2月2日圣烛节（圣母行洁净礼日）不可或缺的花。圣烛节期间，圣母马利亚的雕像要与手持蜡烛的信徒行列一起在城中游行，而原本放置圣母像的祭坛则用雪滴花填满。因此，雪滴花也被称为"二月的妖精"，在修道院中种植。

　　相传亚当和夏娃被赶出伊甸园时，为了安慰夏娃，天使吹起飘落的雪，雪落之处便开出了这种花。

　　在苏格兰，人们相信一年之内能遇见雪滴花的人将获得幸福，在英格兰乡村则恰恰相反，白花会让人联想到寿衣，把这种花带进家里会发生不幸，是当地人的忌讳。

　　雪滴花的花语为"希望""安慰""开运"，其象征意义为"纯粹""春至"。

堇菜属

【原产地】北半球温带。

【学　名】*Viola*：属名源于拉丁语，原指香堇菜之类有强烈香气的植物。

【日文名】すみれ（sumire，堇）：人们公认其语源来自"sumiire"，然而关于它是指什么，尚无统一定论。

【英文名】viola：属名的英语读法。

【中文名】堇菜：原用"堇堇菜"来称呼某种堇类，传入日本后又被中国人重新使用。

香堇菜
Viola odorata
欧洲自古种植的堇菜。蒂尔潘绘制的原图十分出色。➡⑩

　　自古希腊以来，堇菜一直是地中海到阿尔卑斯山以北地区的重要花卉，但直到19世纪才被作为园艺花卉栽种。英国人甘比尔勋爵是一位海军军人，出于不光彩的原因被解职。为了排遣心中烦闷，他让自家园丁威廉·汤普森（William Thompson）培育出了色彩斑斓的园艺品种三色堇，而后种植堇菜很快便风靡全英国。

　　希腊神话中，宙斯与情人伊娥的事眼看就要瞒不住了，宙斯害怕妻子赫拉发怒，就将伊娥变成了一头小母牛。宙斯不忍心看她吃草，就为她变出堇菜作为食物。另外，伊奥尼亚地区盛产堇菜，所以用伊娥的名字为其命名。

　　堇菜的花语为"朴素""气质"，其象征意义为"春天的重生""死之悲伤""虚幻"。

中国石竹

【原产地】中国。

【学　名】*Dianthus chinensis*：属名为希腊语，意为"神之花"，由泰奥弗拉斯特命名。

【日文名】せきちく（石竹）：中文名的日语读法。

【英文名】Chinese pink：意为中国的石竹。

【中文名】中国石竹。

中国石竹
Dianthus chinensis
原产于中国，与日本石竹关系密切。又名唐抚子。➡⑦

　中国石竹原产于北方，拥有极强的耐寒性，后经俄罗斯传入欧洲。这种植物传入日本的时间也很早，据说是从朝鲜传入的，平安时代文献中出现的日本石竹可能就是指中国石竹。

　　进入江户时代后，除了种植日本石竹外，中国石竹的一个品种"常夏"也开始流行起来。这一热潮在昭和时代初期再次兴起，"二战"后逐渐消退。现在人们提到的"常夏"其实是另一种植物。另一个重要品种是"伊势抚子"，其花瓣细长而有裂纹，整体外观让人联想到垂樱。它是中国石竹和河原抚子的杂交种，作为一种珍奇花卉，其在江户时代末期受到疯狂推崇，人们甚至还专门为它举办过竞赛。

　　中国石竹的花语为"厌恶"。

天竺葵属

【原产地】南非。

【学　名】Pelargonium：属名源自希腊语中
"pelargos"一词，指鹳。因其果实上有喙
状的突起而得名。

【日文名】ぜらにうむ（zeraniumu）：源于
曾用属名"geranium"的英语读法。てん
じくあおい（天竺葵）：意为原产于异国、
类似葵的植物。

【英文名】geranium：林奈最早提出的名字。
美音与英音的发音略有所不同。

【中文名】天竺葵：源于日文名。

天竺葵的一种
Geranium inquinans
出自法国最杰出的花卉画
家雷杜德的徒弟贝萨之笔。
➡⑮

这是欧美家庭中最常见的盆栽园艺植物，在江户时代末期传入日本，并以"天竺葵"之名进行栽种。不过，这一时期的品种目前在日本已不再种植。

天竺葵在19世纪的英国非常流行。弗朗西斯·马森移植了这种花，他是英国皇家植物园园长班克斯正式任命的第一位植物猎人。马森曾两次去往南非，在伊比利亚半岛、大西洋群岛和西印度群岛采集植物，最后到达北美。采集工作十分艰辛，尤其是在南非，他曾被野兽、土著和阿非利卡人包围，还差点被逃犯劫为人质。马森死于1805年的寒冬，他冒着生命危险采集的天竺葵守护着维罗利亚时代人们宁静的家园。

天竺葵的花语为"爱"。

蜀葵属

【原产地】地中海地区、亚洲。

【学 名】 *Alcea*：属名源于从希腊语演变的拉丁语，原指天竺葵的一种。

【日文名】 たちあおい（立葵）：意为站着的葵。直到近年，这种植物仍被称为花葵，但花葵完全是别属的植物。

【英文名】 hollyhock：古英语中意为"神圣的葵"。这种植物据说是由十字军从耶路撒冷带来的，因而得名。

【中文名】蜀葵：意为生长在蜀地的葵。"葵"字原指随太阳转动的植物。

蜀葵
Alcea rosea
遍布中国的美丽花朵，也是欧洲花坛中必不可少的植物，有许多园艺品种。➡⑮

药葵
Althaea officinalis
原产于东欧，蜀葵的近缘种，十分古老。➡㉓

在"向日葵"（菊科）一词中之所以有"葵"这个字，是因为这种植物的叶子与葵科植物的叶子很相近。日本自古以来有许多植物被称为"葵"。例如，德川家的"葵之御纹章"就是以马兜铃科的二叶葵为原型设计的，而"*Pelargonium*"也会写成汉字"天竺葵"。《万叶集》中提到的"葵"被认为是可食用的冬葵。"葵"字本义是指"面向太阳"，不过，面向太阳的是叶子，而非花朵。

在欧洲，蜀葵的根自古被称为棉花糖根，它被制成处方药，用来治疗昆虫叮咬和寄生虫病。蜀葵还用于给葡萄酒增色。作为一种体积较大的园艺植物，蜀葵无法种植在花盆中，因此主要在花坛中种植。幕末时期，日本培育出许多蜀葵品种并开始流行，据说是德川家的家纹有三叶葵的缘故。

蜀葵的花语为"单纯的爱""野心"。

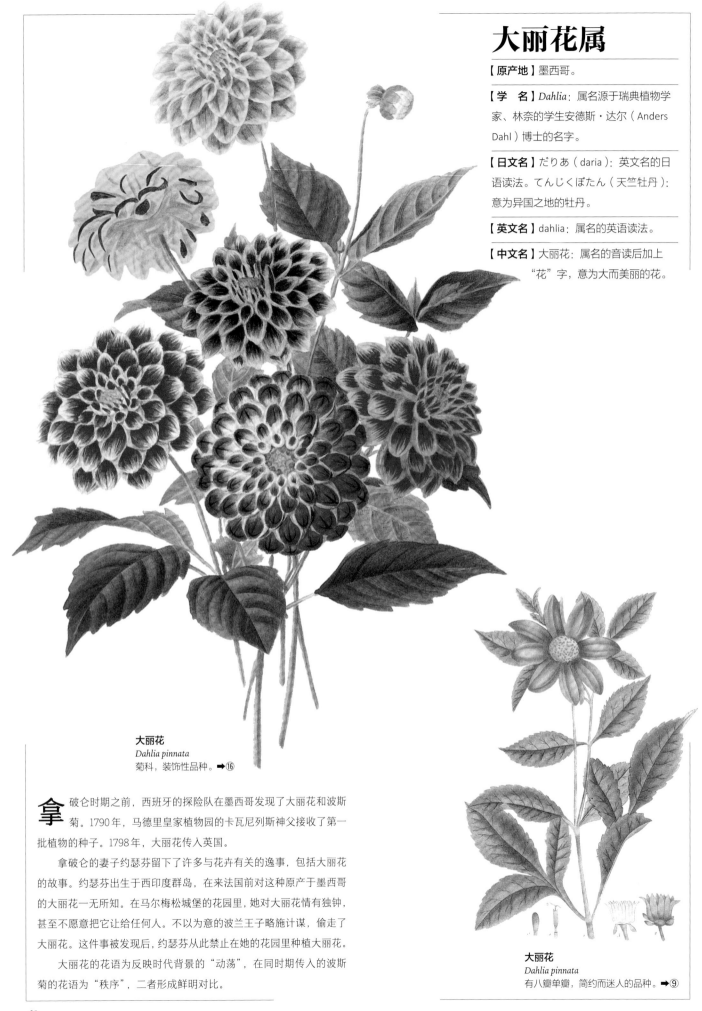

大丽花属

【原产地】墨西哥。

【学　名】*Dahlia*：属名源于瑞典植物学家、林奈的学生安德斯·达尔（Anders Dahl）博士的名字。

【日文名】だりあ（daria）：英文名的日语读法。てんじくぼたん（天竺牡丹）：意为异国之地的牡丹。

【英文名】dahlia：属名的英语读法。

【中文名】大丽花：属名的音读后加上"花"字，意为大而美丽的花。

大丽花
Dahlia pinnata
菊科，装饰性品种。➡⑯

大丽花
Dahlia pinnata
有八瓣单瓣，简约而迷人的品种。➡⑨

拿破仑时期之前，西班牙的探险队在墨西哥发现了大丽花和波斯菊。1790 年，马德里皇家植物园的卡瓦尼列斯神父接收了第一批植物的种子。1798 年，大丽花传入英国。

拿破仑的妻子约瑟芬留下了许多与花卉有关的逸事，包括大丽花的故事。约瑟芬出生于西印度群岛，在来法国前对这种原产于墨西哥的大丽花一无所知。在马尔梅松城堡的花园里，她对大丽花情有独钟，甚至不愿意把它让给任何人。不以为意的波兰王子略施计谋，偷走了大丽花。这件事被发现后，约瑟芬从此禁止在她的花园里种植大丽花。

大丽花的花语为反映时代背景的"动荡"，在同时期传入的波斯菊的花语为"秩序"，二者形成鲜明对比。

蒲公英属

【原产地】北半球温带及寒带。

【学　名】*Taraxacum*：关于其属名有多种说法，一般认为是指中东语言里意为"苦草"的词。

【日文名】たんぽぽ（蒲公英）：语源有多种说法，比较有力的说法是它的旧名"鼓草"会让人联想到鼓声。鼓草的茎浸泡在水中会变成鼓一样的形状。

【英文名】dandelion：源于法语，详见正文介绍部分。

【中文名】蒲公英：也写作蒲英公、蒲英。原指香蒲的花。

药用蒲公英
Taraxacum officinale
原本生长在欧洲的荒地上，现已遍及全世界。➡㉞

由于根部有苦味，蒲公英被认为是耶稣基督受难的象征，在一般意义上也有辛苦的意思。蒲公英因根部经烘焙研磨可用作咖啡的替代品而闻名。中医里，蒲公英全草入药具有抗菌消炎的作用。日本虽然也培育过其园艺品种，但几乎不做药用和食用。在欧洲，除药用外，人们还用它制作沙拉。蒲公英的英文名源自法语"狮子的牙齿"，因为其叶子的锯齿状边缘很像狮子的牙齿。法国人叫蒲公英

"尿床草"，它常常被用作利尿剂。一直以来，人们还用蒲公英占卜爱情。据说，如果能把其冠毛上的绒球吹得干干净净，就会收获一段美满的爱情。在日本，经美国传入的欧洲品种的风头远远超过了原生品种。

蒲公英的花语为"乡间的神谕""别离"。

郁金香属

【原产地】不详（或为中亚）。

【学 名】*Tulipa*：属名源于土耳其语或波斯语中意为"头巾"的词，因其花形与头巾相似而得名。

【日文名】ちゅーりっぷ（鬱金香）：日语中的郁金香原指姜黄或藏红花，或许是因为与中文名称混淆了。ばたんゆり（牡丹百合）：因其开花似牡丹，又与百合相像，因而得名。

【英文名】tulip：源于属名。

【中文名】郁金香：由来不详。"郁"为"美"之意。

利欧郁金香
Tulipa gesneriana
与热情鹦鹉郁金香相近的品种，过去被称为"怪兽"。➡⑮

郁金香属一个未知种
Tulipa sp.
秀丽的原种之一。➡⑨

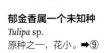

郁金香属一个未知种
Tulipa sp.
原种之一，花小。➡⑨

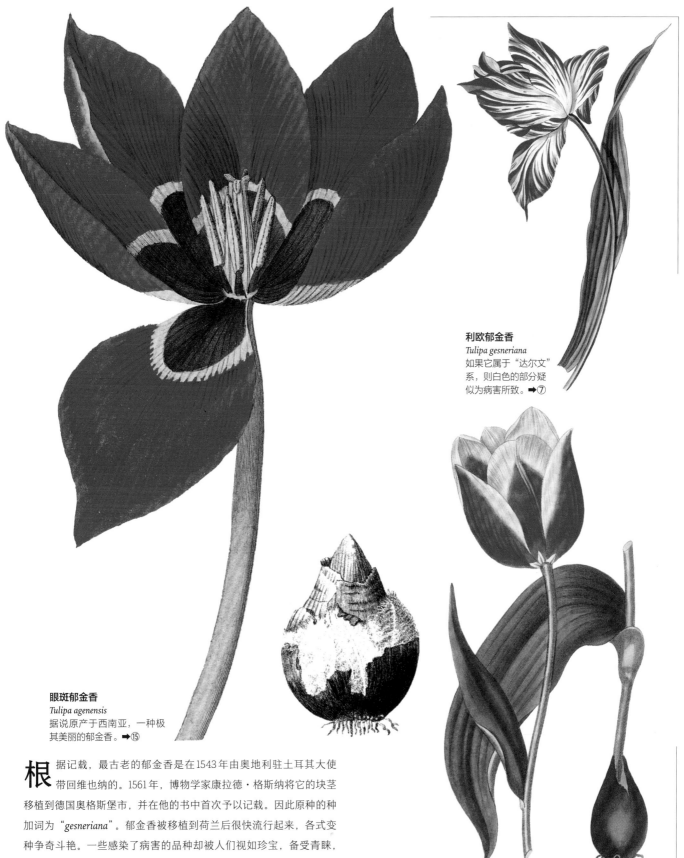

利欧郁金香
Tulipa gesneriana
如果它属于"达尔文"
系，则白色的部分疑
似为病害所致。➡⑦

眼斑郁金香
Tulipa agenensis
据说原产于西南亚，一种极
其美丽的郁金香。➡⑮

利欧郁金香
Tulipa gesneriana
来自土耳其的园艺品种，与克斯奈丽
斯郁金香相似。➡㉘

根据记载，最古老的郁金香是在1543年由奥地利驻土耳其大使带回维也纳的。1561年，博物学家康拉德·格斯纳将它的块茎移植到德国奥格斯堡市，并在他的书中首次予以记载。因此原种的种加词为"*gesneriana*"。郁金香被移植到荷兰后很快流行起来，各式变种争奇斗艳。一些感染了病害的品种却被人们视如珍宝，备受青睐，有的郁金香光凭一个块茎就能换一座啤酒工厂。17世纪30年代，人们对郁金香尤为狂热，这就是著名的"郁金香泡沫"。大仲马在他的小说《黑郁金香》中描述了当时的情形。据说，这股热潮退去后，许多投机倒把之人破产自杀。18世纪上半叶，这股热潮又传回土耳其，成为土耳其文化成熟期的象征，那时甚至被称为"郁金香时代"。

郁金香的花语因颜色而异，红色的为"爱的告白"，杂色的为"美丽的眼睛"。

杜鹃

【原产地】除极地外全世界。

【学　名】*Rhododendron simsii*：属名源自希腊语，意为"玫瑰树"。原用来指代欧洲的杜鹃。

【日文名】つつじ（躑躅）：与日语"筒开花"发音相似，意为筒状的花。

【英文名】azalea："*azalea*"是杜鹃花类过去的属名，意为"喜欢干燥的地方"。rosebay：可指代好几种植物，由"rose"与"bay laurel"（月桂树）组合而成。

【中文名】杜鹃花：意为杜鹃之花。

日本杜鹃
Rhododendron japonicum
生长于全日本的落叶杜鹃。➡⑨

美国杜鹃
Rhododendron maximum
分布于美国东部地区。➡⑩

皋月杜鹃
Rhododendron indicum
叶尖颜色浓郁，日本称此种为皋月杜鹃。➡㊱

粘杜鹃
Rhododendron viscosum
美国中西部地区的杜鹃，星形花充满美式风情。➡㊵

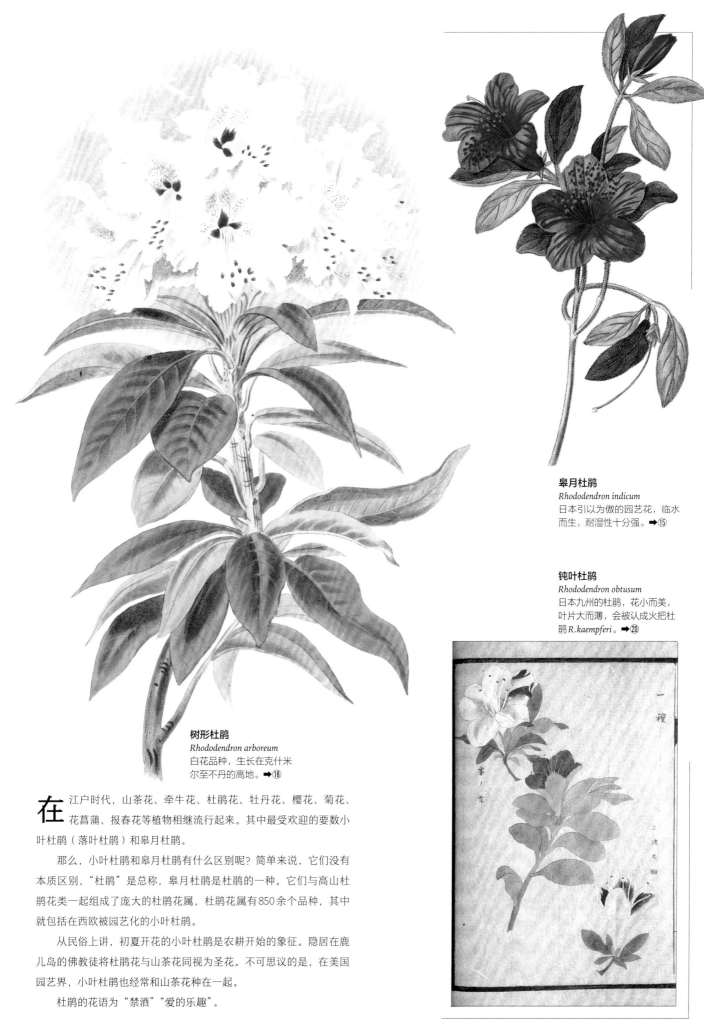

皋月杜鹃
Rhododendron indicum
日本引以为傲的园艺花，临水
而生，耐湿性十分强。➡⑮

钝叶杜鹃
Rhododendron obtusum
日本九州的杜鹃，花小而美，
叶片大而薄，会被认成把火把杜
鹃*R.kaempferi*。➡⑳

树形杜鹃
Rhododendron arboreum
白花品种，生长在克什米
尔至不丹的高地。➡⑱

在江户时代，山茶花、牵牛花、杜鹃花、牡丹花、樱花、菊花、花菖蒲、报春花等植物相继流行起来。其中最受欢迎的要数小叶杜鹃（落叶杜鹃）和皋月杜鹃。

那么，小叶杜鹃和皋月杜鹃有什么区别呢？简单来说，它们没有本质区别，"杜鹃"是总称，皋月杜鹃是杜鹃的一种。它们与高山杜鹃花类一起组成了庞大的杜鹃花属，杜鹃花属有850余个品种，其中就包括在西欧被园艺化的小叶杜鹃。

从民俗上讲，初夏开花的小叶杜鹃是农耕开始的象征。隐居在鹿儿岛的佛教徒将杜鹃花与山茶花同视为圣花。不可思议的是，在美国园艺界，小叶杜鹃也经常和山茶花种在一起。

杜鹃的花语为"禁酒""爱的乐趣"。

山茶属

【原产地】日本、中国。

【学　名】*Camellia*：属名由林奈命名，源自澳大利亚出身的耶稣会传教士约瑟夫·卡梅尔之名。

【日文名】つばき（椿）：关于其语源有多种说法，均源于它的叶子，

而不是花。

【英文名】camellia：学名的英语读法。

【中文名】山茶、山茶花："椿"在中国古代指某种灵木，现代指楝科的香椿，并没有山茶花的意思。

山茶
Camellia japonica
出自罗兰·贝尔莱赛所著
《山茶花图谱》。➡㉗

山茶
Camellia japonica
白色重瓣品种，有着高洁出尘
之美。➡⑱

山茶
Camellia japonica
西洋人钟情的红白色相间品种。
➡⑮

山茶
Camellia japonica
日本引以为傲的花，长生不
老的象征。➡⑬

山茶
Camellia japonica
花瓣为白色的美丽品种，图
中还有其果实。➡⑬

关于欧洲山茶花的起源，有这样一种怪论——人们说它是约瑟
夫·卡梅尔在1639年献给西班牙女王玛丽亚·特蕾莎的礼物，
学名也源于他的名字。事实上，卡梅尔是一位植物学家，他因研究吕
宋岛的植物而闻名，去世后埋葬在菲律宾。没有迹象表明他去过中国
或日本，也不可能见过山茶花。他时常把吕宋岛的植物寄给英国的詹
姆斯·培迪弗，但世界上第一个将山茶花种子寄给培迪弗的却是苏格
兰人詹姆斯·坎宁安，那是1700年的事。林奈十分渴望见到山茶花，
但一直未能如愿，他收到的都是茶梅和茶叶。山茶花在19世纪风靡
一时，从小仲马的《茶花女》中也可见一斑。

山茶花的花语为"谦虚的美德"，据说是因为它没有香味。

山茶花在日本是长生不老的象征，也是八百比丘尼的所有物。

山牵牛

【原产地】旧世界热带地区。

【学　名】*Thunbergia grandiflora*：属名源自瑞典植物学家通贝里的名字。

【日文名】やはすかすら（矢筈蔦）：意为枝干像箭尾一样分成两股的藤蔓植物。

【英文名】clock-vine：语源不详，或指像钟一样的藤蔓植物。

【中文名】山牵牛。

山牵牛
Thunbergia grandiflora
出自《柯蒂斯植物学杂志》。
➡⑦

山牵牛是一种藤蔓植物，植物学家通贝里在南非发现了它。通贝里在乌普萨拉大学师从植物分类学的创始人林奈，之后又前往巴黎进一步研究博物学。途中，他在博物学的研究据点阿姆斯特丹停留，见识了林奈的朋友约翰尼斯·伯曼（Johannes Burman）收藏的大量南非动植物。通贝里对这次经历念念不忘，在巴黎逗留一年

后，他又返回阿姆斯特丹，而等待着通贝里的是一个他求之不得的远行计划——他受邀前往南非和日本进行博物收集之旅。

　　通贝里的探险之旅充满艰辛，最终到达日本。他将遥远东方的动植物介绍给西方，同时教授了许多日本人。山牵牛便是他在这次探险中发现的植物之一。

刺桐

【**原产地**】东南亚、印度。

【**学 名**】*Erythrina variegata*：属名源于希腊语，意为"红色"，因其花的颜色而得名。

【**日文名**】でいご（梯沽、梃姑）：源于琉球语，语源不详。

【**英文名**】coral tree：意为珊瑚树。

【**中文名**】刺桐：其意或为有刺的泡桐。

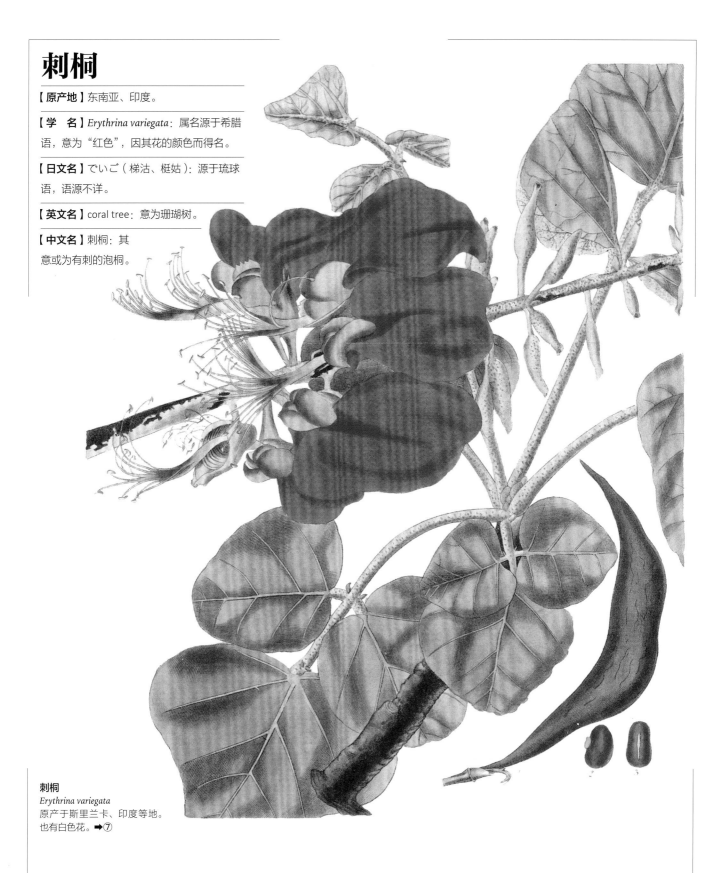

刺桐
Erythrina variegata
原产于斯里兰卡、印度等地。
也有白色花。➡⑦

刺桐是冲绳县的县花。其木材质地轻软，可以用来制作琉球漆器，也是制作古琴和木屐的一种材料，树皮可入药。在冲绳县的春季及热带地区的旱季结束时，刺桐会结出30厘米长的总状花序，它的花朵十分美丽，因此也常被种植在路边和花园里。

刺桐树的生长速度极快，美国人在可可园和咖啡园里种植刺桐同属的美洲刺桐以遮阳。

刺桐在古代被视为神圣的植物。佛经中的刺桐盛开在帝释天的居所，是极乐世界的一种花卉；而在印度教中，它既是毗湿奴神的所有物，也是献给湿婆神的花。佛典中还有一种说法，每当佛陀说法时，"曼陀罗华"像雨一样从天而降，据推测，"曼陀罗华"就是指刺桐。

雏菊

【原产地】欧洲、地中海沿岸。

【学　名】*Bellis perennis*：属名源于古拉丁语，意为"美"。

【日文名】ひなぎく（雏菊）：意为小小的菊花。でーじー（deejii）：英文名的日语读法。

【英文名】daisy：英文名在过去为"day's eye"（白天的眼睛，即太阳），因其花的形状像太阳而得名。一说是指阳光照射时则开花，阴天或夜晚则闭合不开的意思。

【中文名】雏菊：源于日文名。

雏菊
Bellis perennis
原产于欧洲的菊科植物，有许多改良种。在被称为"雏菊"的植物中，此种为起源。➡︎㉞

雏菊是一种园艺植物，早在17世纪园艺兴起之初就为人所知，到了18世纪已被培育出许多品种。它有时被称为"玛格丽特"（在日本指另一种植物），这是因为其花蕾、花冠的颜色很像珍珠（拉丁语"margarita"）。另外，它还与安条克公国的圣玛格丽特（Saint Margaret）有关，圣玛格丽特总是抬头望向天空。包括英国国王亨利六世的王妃在内，名为"玛格丽特"的女性都喜欢佩戴这种花。中世纪时，骑士在进行骑马武术比赛之前会把雏菊戴在衣领上，据说它能有效止住战斗中伤口流出的血。

雏菊的花语为"温柔""天真""专一""真诚的爱"。

雏菊是基督和圣母马利亚的纹章，代表纯洁、童贞。作为预示春天到来的花，其象征意义为"复活"。

西番莲属

【原产地】南美洲。

【学　名】*Passiflora*：属名为拉丁语，意为"基督受难花"。

【日文名】とけいそう（時計草）：有关其语源见正文介绍部分。

【英文名】passion-flower：拉丁名的意译。

【中文名】西番莲：意为西边荒蛮之地的莲花。

大果西番莲
Passiflora quadrangularis
美洲热带地区的奇异植物，果实被称为百香果。➡︎③⓪

16世纪时，耶稣会传教士在南美洲见到了这种花，认为它就是阿西西的圣方济各（San Francesco di Assisi）梦见的十字架上的花，并称之为"受难花"。西番莲的叶子象征圣朗基努斯之枪和犹大出卖基督所获的30块银币；5根雄蕊象征基督的5处伤口；卷须象征抽打耶稣的鞭子；子房柱头象征十字架；3根花柱头象征钉子；副花冠象征茨冠；5枚花瓣和5枚萼片象征10个使徒。传教士们认为这预示着当地人迫切渴望皈依，于是热情地传教，在很短的时间里便收获了大量信徒。

它的果实为百香果，又名"水果时钟"。

享保年间（1716—1736年），西番莲经荷兰传入日本，它的3个独立的柱头与日本钟表的3根指针相似，因而得名"时钟草"。

西番莲的花语为"神圣的爱""笃信"。

日本石竹

【原产地】除非洲外全世界。

【学　名】*Dianthus japonicus*：属名源于希腊语，意为"神之花"，由泰奥弗拉斯特命名。

【日文名】なでしこ（撫子）：花的颜色及形态十分可爱，像孩子一样让人想要抚摸，因而得名。

【英文名】pink：源于荷兰语中表示眨眼的词，在法语中被称为"小眼睛"，均因花朵中央有眼睛一样的纹路而得名。也有说法称因其花瓣边缘卷曲，所以会让人联想到眨眼。

【中文名】日本石竹：意为日本的石竹。

石竹属一个未知种
Dianthus sp.
在欧洲十分普及的美丽花朵。
根据若姆·圣伊莱尔原图绘制
的铜版画。➡⑨

须苞石竹
Dianthus barbatus
过去的定论称其是在明治20年（1887年）
时传入，这幅插画表明它是在江户时代
末期传入日本的。➡⑲

日本石竹
Dianthus japonicus
原产于欧洲东南部，欧洲人所说的
"pink"就是此品种。➡⑮

此处介绍的是日本石竹和西洋石竹，不包括中国石竹和香石竹。日本石竹是"秋之七草"之一，与荻（胡枝子）和紫藤一样，都是最具日式风情的植物。"抚子"这个名字最早见于《出云风土记》。《万叶集》里有关抚子的诗歌多达26首。日语中有个形容日本女性的词叫"大和抚子"，最早只是为了与中国石竹（唐抚子）相区分。日本石竹现在已很少有人种植了，但在过去是一种重要的园林花卉。西洋石竹中最有名的品种是"甜威廉"，在16世纪非常流行。"甜美"是欧洲人对石竹的原始印象。

日本石竹的花语为"见异思迁""追慕"，其象征意义为"神之爱""婚约""胆怯"。

南天竹

【原产地】东亚。

【学　名】*Nandina domestica*：属名源于拉丁语的读法。

【日文名】なんてん（南天）：源于中文名，去掉"竹"一字。

【英文名】nandina：属名的英语读法。sacred bamboo：意为"神圣的竹子"。

【中文名】南天竹：由来不详。不过，南天北地是"无关紧要"的意思。

南天竹
Nandina domestica
变异种会结出黄色和白色的果实。➡㉝

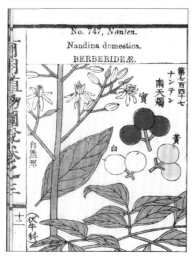

南天竹
Nandina domestica
分布于中国和日本等地。"南天"在日语中与"难转"（逢凶化吉）和"成天"同音。➡⑬

过去，人们将南天竹和八角金盘种植在门廊尽头、厕所门前和洗手池边。种植八角金盘是出于实用的考虑，因为它的叶子可以代替厕纸，种南天竹的原因则复杂一些。有说法称，南天竹的果实可入药，有助于防止便秘。也有人说这只是一种文字谐音，日语里"南天"与"难转"同音，意为"否极泰来，赶走困难（便秘）"。

还有一种更重要的说法是，南天竹和吃掉噩梦的神兽"貘"一样能驱赶噩梦。人们常会以南天竹为材料制作枕头，有的人则会在枕头下放一些南天竹的叶子，还有些枕头只是简单地绘有南天竹的图案。另外，人们会在庭园里种植南天竹来预防火灾。它还是一种珍贵的地柱材料，据说京都金阁寺的南天竹地柱来自琉球，而经荣山题经寺的地柱则来自伊吹山上一个农家的花园里。

桂竹香

【原产地】南欧。

【学　名】*Erysimum × cheiri*：属名源于希腊语，意为"手中的花（花束）"。

【日文名】においあらせいとう（香紫羅蘭）：因其与紫罗兰相似、花有香气而得名。紫罗兰的语源不详。

【英文名】
wallflower：有一种说法是，它是罗马皇帝哈德良在英格兰和苏格兰之间修建的哈德良长城上种植的花。

【中文名】桂竹香：或为属名的音译。

桂竹香
Erysimum × cheiri
被称为"墙之花"，花的香气浓郁。➡⑨

桂竹香为糖芥属植物，喜欢生长在废墟和坍塌的石墙上，在欧洲自古以来就是一种名花，当时被称为"黄堇"。过去人们将它煎煮后泡水喝，作为治疗头痛和神经痛的处方药。据说它还可以清洁眼睛。此外，它的种子可用于堕胎。

传说，苏格兰一位城主的女儿与一名年轻男子坠入爱河，他们用这种花作为秘密联络的标志物。有一次他们尝试私奔，城主的女儿不小心坠亡了。为了纪念心上人，男子将这种花插在帽子上周游各地。吟游诗人们也竞相模仿，桂竹香的花语也因此诞生。

据说桂竹香与苹果树是绝配，只要把它种在苹果树旁，后者就会结出许多苹果。

桂竹香的花语为"逆境中的忠诚"。

凌霄属

【原产地】中国、北美洲。

【学　名】*Campsis*：属名为希腊语，意为"弯曲"，源于其卷曲的雄蕊。

【日文名】のうぜんかすら（nouzenkazura）："nouzen"源于中文名"凌霄"的发音，"kazura"指藤蔓植物。

【英文名】trumpet-creeper：意为"花朵像喇叭的藤蔓植物"。

【中文名】凌霄："凌"为"跨越"之意，"霄"为"雨夹雪"之意。

厚萼凌霄
Campsis radicans
原产于北美洲，比中国原产的凌霄略小一些。➡⑨

凌霄广泛分布于中国中部至南部，在平安时代初期传入日本。凌霄的生命力很强，能抵御盛夏的酷热，甚至逢上"秋老虎"也能盛装吐艳，因此是一种很受欢迎的夏季园林树种。凌霄属于攀缘藤本植物，可以让它攀爬在石墙上，或用来制作类似紫藤花架的架子。

过去有一些关于凌霄花的不祥传说。例如，其花朵上的露珠如果滴入眼睛就会导致失明，或是孕妇行走在这种花下就会流产等。

凌霄也代表着吉兆，人们相信把它种在花园里就能招来良缘，有利于长寿。为了图个吉利而种植凌霄的人不在少数。

北美品种与亚洲品种相比，花朵稍小，但繁殖力旺盛，藤蔓可以长到10米以上。

凌霄花的花语为"名声""遥远的国度"。

朱槿

【原产地】亚洲热带地区、
非洲热带地区。

【学 名】_Hibiscus rosa-
sinensis_：过去人们认为其
属名源于埃及神鸟伊比斯，
现在普遍认为是源于古希
腊的植物名。

【日文名】ぶっそうげ（扶
桑華、仏桑華）：扶桑原本
是《山海经》中东海之岛
上的神木，之后便用来指
代日本。

【英文名】hibiscus：属名
的英语读法。

【中文名】朱槿：意为红色
的木槿。

朱槿
Hibiscus rosa-sinensis
原产于亚洲热带地区，图中的
鸟为仙八色鸫的近缘种。➡④

朱槿作为夏威夷的州花而广为人知，人们都觉得它是独具异国情调的南国之花。值得一提的是，夏威夷的第一部法律就将这种花定为"岛之花"。

D.H.劳伦斯曾写到，一个落魄的女人只要在堕落前戴上这种花，她就有重新做人的机会。据说，叙利亚的激进派游击队员会把朱槿插在纽扣眼里，这也许是他们的护身符。

日本开始园艺栽培朱槿的时间比想象中更早，在江户时代，这种花就已被广泛栽培了，当时还叫"佛桑花"。它似乎是从东南亚经由琉球传入九州的，第一次被提及是在庆长十九年（1614年），岛津家久将其献给了德川家康。

在欧洲，人们误以为它起源于中国，因此将其命名为"中国蔷薇"。朱槿的花语为"精致的美"。

苋

【原产地】美洲热带地区。

【学 名】*Amaranthus tricolor*：属名在希腊语中意为"不凋零的"。其花萼干燥后仍不凋零，耐寒性高，因而得名。种加词意为"三色"。

【日文名】はげいとう（葉鶏頭）：形似鸡头，叶子尤其美丽。

【英文名】joseph's coat：意为"约瑟夫的外套"。fountain plant：意为"喷泉植物"。

【中文名】苋：语源不详。

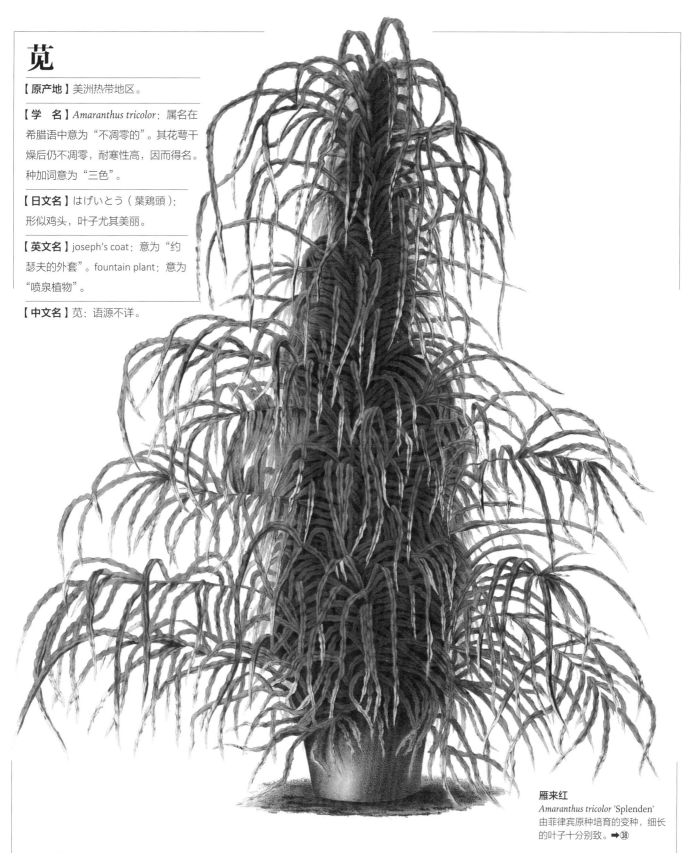

雁来红
Amaranthus tricolor 'Splenden'
由菲律宾原种培育的变种，细长的叶子十分别致。➡️㊳

苋 的属名"*Amaranthus*"原指古希腊传说中的一种花，也被翻译成"不凋花"或"永生花"。苋四季都不会枯萎，保持开着鲜艳的深红色花朵，因此被视为不朽的象征。

《伊索寓言》中说，苋十分羡慕赏心悦目的玫瑰花。然而，玫瑰花很快就会枯萎，苋却四季常开，长年不衰。即使在冬天用它制作花冠，只需稍加湿润便会重新焕发生机。

相传苋不能种在肥沃的土壤里。

苋的花语为"永不褪色的爱""忠诚"。

莲属

【原产地】亚洲热带及温带地区、南
北美洲、澳大利亚。

【学　名】*Nelumbo*：属名源于莲花的
斯里兰卡语。

【日文名】はす（hachisu，莲）：因
其果实与蜂巢（hachinosu）相似而
得名。

【英文名】lotus：源于拉丁语中的莲
花或睡莲。

【中文名】莲："莲"字原本用于指代
其果实。叶为荷，茎为茄，花为芙蓉。

芡
Euryale ferox
分布于中国、日本。大
鬼莲的近缘种。➡⑳

莲
Nelumbo nucifera
据说原产于印度，现已分布
全世界。日本万叶时代已经
有莲花。➡⑫

在中国，莲花自古以来就是王公贵族庭园中不可或缺的重要花卉。

　　古希腊人把一种名为"lotos"的不知名植物认定为莲花，他们认为吃了这种莲花会导致失忆。荷马史诗《奥德赛》中有这样一个故事：奥德修斯一行人在食莲者之国登陆，他的水手们吃了莲花，结果"即忘故乡，不复思归"，奥德修斯只得强行带他们返航。如今，"食莲者"（lotus eater）用来比喻浑噩度日的人，因此在西方，人们倾向于将莲花视为一种麻药。

　　在印度，莲花是神圣的植物，由于莲叶的纹路与人的胎盘十分相似，所以也被视为"生育"的象征，是大地母神的所有物。另外，莲花在佛教和婆罗门教中都象征着"净土"。

　　莲的花语为"雄辩""神秘与真实"，莲花象征着"涅槃"。

花菱草

【原产地】 北美洲。

【学 名】 *Eschscholzia californica*：属名源于爱沙尼亚医生埃施朔尔茨（Eschscholtz）的名字，他跟随俄罗斯人奥托·冯·科策布一起环游世界。

【日文名】 はなびしそう（花菱草）：因其花朵形似菱花纹图案而得名。

【英文名】 californian poppy：意为"加利福尼亚的罂粟"，此植物为罂粟科。

【中文名】 花菱草：源于日文名。

花菱草
Eschscholzia californica
原产于加利福尼亚。其颜色艳丽而耐寒，非常适合种植在花坛中。➡③

埃施朔尔茨是爱沙尼亚人，花菱草的学名正是源于他的姓名。他作为医生登上环球探险船"鲁比克号"，船长是俄国人科策布，这次远航是俄国继克鲁森施滕（Kruzenshtern）的环球旅行之后所取得的第二项伟大成就。与他们同行的自然学家是阿德尔贝特·冯·沙米索，他是法国流亡者之子，长于德国，是著名的浪漫派抒情诗人，著有幻想小说《彼得·施莱米尔的神奇故事》（又名《出卖影子的人》）。

这次航行从1815年7月30日至1818年8月3日，历时整整3年。他们途经大西洋、巴西、合恩角，最后进入太平洋，在顺时针绕太平洋两圈后穿过印度洋。途中，两位自然学家发现了各种动植物，当他们在加利福尼亚停留时，沙米索发现了一种花并交给埃施朔尔茨，后来它成了加利福尼亚州的州花。

花菱草的花语为"不要拒绝我"。

蔷薇属

【原产地】不详。种植品种为近代之后的交配种。

【学　名】*Rosa*：属名源于古拉丁语中指代蔷薇的词，语源为"红色"。

【日文名】ばら（bara，蔷薇）：源于日语中"茨"（ibara或ubarr）一词，指有刺的灌木。

【英文名】rose：源于英文名。

【中文名】蔷薇："蔷"原指水蓼，"薇"指野豌豆。

玫瑰
Rosa rugosa
东亚的蔷薇，红色的果实让人印象深刻。➡㉔

百叶蔷薇
Rosa centifolia
西洋的蔷薇，有许多品种。
➡㉘

苔蔷薇
Rosa centifolia f. *Muscosa*
百叶蔷薇的变种，看起来就像
长着苔藓一样。➡⑦

杂交茶香月季
Rosa × *dilecta*
英国培育的紫色蔷薇。开花
前萼片向上卷曲是中国蔷薇
的特征。➡㉟

薔薇可以说是欧洲文化史上最重要的花卉之一。尽管如此，目前栽培的品种中并没有纯粹的欧洲原产种，几乎所有品种的祖先里都有"中国血统"。

以蔷薇为寓意的重要文学作品不胜枚举，如《圣经·旧约·雅歌》、13世纪波斯寓言诗《蔷薇园》、中世纪法国寓言诗《蔷薇的故事》等。历史上，15世纪的英国内战（玫瑰战争）是约克家族和兰开斯特家族之间的战争，约克家族的徽章是白蔷薇，兰开斯特家族的徽章是红蔷薇，战后统一的象征都铎蔷薇至今仍是英国的国徽的一部分。17世纪时，蔷薇十字被认为是新思想运动的象征。

蔷薇的花语有许多，最常见的是"美"。象征意义也有不少，包括"善行·恶习""重生·死亡"。另外，"sub rosa"（蔷薇之下）一词意为"秘密地"。

法国蔷薇
Rosa × gallica
白花品种。➡️㊸

法国蔷薇
Rosa × gallica
俗称法国蔷薇。单瓣品种，是
香料原料。➡️⑨

野蔷薇
Rosa multiflora
原产于中国，日本平安时代曾
大规模种植。➡①

法国蔷薇
Rosa × gallica
原产于中南欧和西亚。被称
为法国蔷薇。➡㉔

三色堇

【原产地】欧洲、西亚。

【学　名】*Viola tricolor*：属名"*Viola*"为堇的古拉丁名，种加词意为"三色"。

【日文名】さんしきすみれ（三色堇）：含种加词在内的学名的日语意译。

【英文名】pansy：法语名的英语读法，意为"思考"。语源有多种说法，有说因为花的形状看上去像沉浸在思考中的人，也有说是因为象征"回忆"。

【中文名】三色堇：学名的中文意译。

大花三色堇
V. × wittrockiana
法国培育的品种。因为很像人的脸庞，也叫人面草。➡③⑥

大花三色堇
V. × wittrockiana
各种野生三色堇杂交后的品种。➡㉘

三色堇的英文名字"pansy"更为大众所熟知。莎士比亚的《哈姆雷特》中，奥菲丽娅说"它是代表思想的花"。英语里，这种花的名字还有200多个。例如"强尼跳起来""三位一体草""头巾中的三张脸""可爱的人啊拥抱我吧"，甚至还有植物名中最长的"去门口迎接她然后在房间里吻她"等。

希腊神话中，堇菜是宙斯为他的情人伊娥创造的食物。中世纪的欧洲人将三色堇与洋葱一起做成沙拉食用，甚至将其作为宴会上的佳肴。

三色堇的花语为"思想""愉快的回忆"。白色三色堇代表"忠诚"，黄色的代表"勇气"，紫色的则代表"思考"，它们共同组成了象征意义"完整的人格"。

风信子

【原产地】地中海沿岸。

【学　名】*Hyacinthus orientalis*：属名源于希腊神话中的美少年雅辛托斯（Hyacinth）的名字。

【日文名】ひあしんす（風信子，hiashinsu）：英文名的日语读法。

【英文名】hyacinth：属名演变来的英文名。

【中文名】风信子：属名的中文音译。

风信子
Hyacinthus orientalis
原产于地中海沿岸。分荷兰系与法国系，前者因花朵大而十分受欢迎。➡⑫

希腊神话中有这样一个故事：雅辛托斯是一个来自拉栖第梦的美少年，深受阿波罗和西风之神仄费罗斯的喜爱，但他不喜欢脾气阴晴不定的仄费罗斯。有一天，阿波罗和雅辛托斯一起投掷铁饼时，仄费罗斯心生嫉妒，向阿波罗的铁饼上吹风，铁饼击中了雅辛托斯的额头，少年因此一命呜呼。一朵美丽的紫色花朵从地上的鲜血中长出，据说这就是风信子。当时，阿波罗喊着"AI AI"（悲伤），花瓣上便浮现出这个词。"AI"一词的发音与"AEI"（永远）相似，因此风信子也成为"怀念"的象征，在墓碑上刻风信子的习俗也由此诞生。不过，风信子与郁金香差不多同时从土耳其传入欧洲，这些传说实际上是关于飞燕草或鸢尾花的。16世纪末，风信子先于郁金香风靡一时，掀起了一股投机热潮。

风信子的花语为"复活""游戏"。

朱缨花属

【原产地】热带、美洲亚热带地区。

【学 名】*Calliandra*：属名源于希腊语，意为"美丽的雄蕊"。

【日文名】ひこうかん（緋合歓）、べにこうかん（紅合歓）：意为红色的合欢。

【英文名】powder-puff tree：意为用于上香粉的粉扑树。因其有许多雄蕊，花的形状像刷子而得名。

【中文名】朱缨花：因其花朵像红缨枪头那一扎红而得名。

异型朱缨花
Calliandra houstoniana var. *anomala*
在中南美洲常见的诸多朱缨花中最美丽的品种，蜂鸟会吸食它的花蜜。➡⑫

朱缨花是一种豆科植物。它与旧世界地区的合欢十分相似，原产于中美洲和南美洲，因此可以说它是"美洲的合欢花"。朱缨花深红色的雄蕊很长，许多雄蕊簇拥在一起形成球状花序，美得别具一格。朱缨花也被称为美洲金合欢，因为"金合欢"的学名曾被用于称呼合欢的近缘种。另外，同为豆科、叶片也十分相似的"acacia"（金合欢类）过去也叫"mimosa"。当然，它与朱缨花并不是同一种植物。现在，"mimosa"用来指美洲产的含羞草大家庭。

这些花朵吸引了中南美洲特有的蜂鸟来吸食花蜜，构成了南美独特的风景线。朱缨花与含羞草外形很相似，但触摸时不会闭合。

虞美人

【原产地】 欧洲、亚洲东北部。

【学　名】 *Papaver rhoeas*：属名"*Papaver*"源于希腊语，意为"面包粥"，因罂粟汁液的质地很像粥而得名。种加词"*rhoeas*"在希腊语中意为"石榴"，因其花色与石榴的颜色相同而得名。

【日文名】 ひなげし（雏罂粟）：意为小小的罂粟。ぐびじんそう（虞美人草）：源于中国古代的美女名。

【英文名】 corn-poppy：意为"谷物罂粟"，"poppy"由属名演变而来。field poppy：意为"田地罂粟"。flanders poppy：意为"弗兰德斯（比利时）的罂粟"，虞美人是弗兰德斯原野上常见的花。

【中文名】 虞美人：关于其由米，请见正文介绍部分。

虞美人
Papaver rhoeas
原产于欧洲，红色的4枚花瓣
惹人喜爱。➡⑩

这是一种在东西方历史中都占有重要地位的花。在中国，这种花与《汉书》中的悲情女子虞姬有关。虞姬是西楚霸王项羽的宠妾，项羽被汉军围困，作困兽斗决一死战，战败后随侍在侧的虞姬也自杀身亡。据说，从她的墓中长出的美丽花朵就是虞美人。

在欧洲，麦田里的虞美人竞相绽放，这种外表娇艳的花朵呈鲜艳的深红色。法国人叫它"小公鸡"，因为它很像鲜红的鸡冠。人们还用它作为酿酒和制药的色素原料。众所周知，在第一次世界大战白刃战结束后，人们在战场上种满了虞美人。美国第三任总统托马斯·杰斐逊非常喜欢这种花，他把虞美人移植到自己宅邸后面的小树林里。

虞美人的花语为"安慰""休息"。

虞美人在英国是"八月之花"。

向日葵

【原产地】北美洲。

【学　名】*Helianthus annuus*：属名源于希腊语，意为"太阳之花"。

【日文名】ひまわり（向日葵）：意为随着太阳转的花。

【英文名】sunflower：意为"太阳之花"。

【中文名】向日葵：意为向着太阳的花。关于"葵"字的原意，请参阅"蜀葵"一节。

向日葵
Helianthus annuus
属菊科。原产于北美洲，在 1596 年传入欧洲。
➡㉖

这种花总是朝向太阳。不过，"只要剪除花苞，花朵就会随着太阳而转动"的说法并不正确。此外，向日葵花总是从东南向西南方向绽放，夜间时花盘向上。它原产于北美洲，在16世纪末传入欧洲。自古以来就有多种花卉被称为"太阳花"，金盏花等菊科大花就是典型的例子。老普林尼曾提到过随着太阳的行进而转动的花，奥维德的《变形记》中也记有"太阳花"。不仅如此，罗马时代的马赛克镶嵌画和13世纪罗杰·培根（Roger Bacon）的手稿中也描绘了今天

的向日葵。这些作品也许都是仿作，但不失为有趣的现象。

在发现地秘鲁，向日葵也是人们尊为信仰的太阳之花。如此看来，欧洲人认为向日葵是"随太阳而转动的花"也就不足为奇了。17世纪时，知识渊博的科学家阿塔纳修斯·基歇尔在他的著作中描述了用这种花制作的时钟。

向日葵的花语为"高傲""憧憬"。

百日菊

【原产地】南北美洲。

【学　名】*Zinnia elegans*：属名源于18世纪德国植物学家齐默尔曼（Zimerman）的名字。

【日文名】ひゃくにちそう（百日草）：开花时间长，从初夏一直到晚秋，因而得名。

【英文名】zinnia：学名的英语读法。youth-and-old-age：与日文名相同，因其开花时间长而得名，意为"青年和老年"。

【中文名】百日菊。

百日菊
Zinnia elegans
原产于美国的可爱的一年生草本花卉。花如其名，开花时间长。➡⑨

这 种植物与波斯菊一样，是从墨西哥传入西班牙的。1795—1801年，拿破仑战争爆发前夕，塞万提斯率领的西班牙探险队在墨西哥发现了它。

百日菊于江户时代末期传入日本，一直到明治时代，栽种的都是单瓣品种。现在所说的百日菊是重瓣品种，由美国新近改良后引入日本。

在巴西，它被视为神圣之花，每逢节日都会被撒在道路上。据说它既能驱邪，也能招来幸福。

百日菊的花语为"思念远方的朋友""担心逐渐变淡的友情""不可疏忽"。

倒挂金钟属

【原产地】中南美洲、新西兰。

【学　名】*Fuchsia*：属名源于16世纪德国植物学家莱昂哈特·富克斯（Leonhart Fuchs）的名字。

【日文名】ふくしあ（fukushia）、ほくしあ（hokushia）：均为属名的日语读法。

【英文名】fuchsia：属名的英语读法。lady's eardrop：意为"女士的耳环"，因其花的形态像耳环而得名。

【中文名】倒挂金钟：意为倒挂着的钟。

长筒倒挂金钟
Fuchsia fulgens
原产于墨西哥。萼筒长，前端的萼片为淡黄色。
➡③⑧

倒挂金钟
Fuchsia hybrida
杂交种，也被称为钓浮草。➡③⑥

这种植物开的花十分独特，原产于南美洲，还有一些品种自然生长在新西兰。它红色的花朵像一排长长的铃铛，因而在19世纪的欧洲人眼里，它充满了浓浓的异国情调。

新西兰的倒挂金钟原种由曾在新西兰内陆探险的英国植物学家亚历山大·坎宁安（Alexander Cunningham）的弟弟理查德发现。他沿着哥哥7年前的路线探险，并于1833年到达长岛海峡，在附近采集

到了这种植物。在他之后，19世纪新西兰最重要的植物学家，也是传教士的威廉·科伦索（William Colenso）发现了另一个品种，并将其命名为"科伦索种"。

而南美洲原产种方面，英国人哈特贝格（Hartberg）在19世纪中叶发现了其中一个特别重要的品种。

现在园艺种植的倒挂金钟是这些原始品种的杂交种。

侧金盏花

【原产地】北半球全域。

【学　名】*Adonis amurensis*：属名源于希腊神话中的美少年阿多尼斯（Adonis）的名字。

【日文名】ふくじゅそう（福寿草）：过去也叫元旦草。或是因为它被视为在元旦早上开花的吉祥物而得名。

【英文名】pheasant's eye：红花的底部有黑点，它看上去就像雄鸡的眼睛，因而得名。

【中文名】侧金盏花：其意或为淡雅的金盏花。

侧金盏花
Adonis amurensis
接近原种的品种。➡㉜

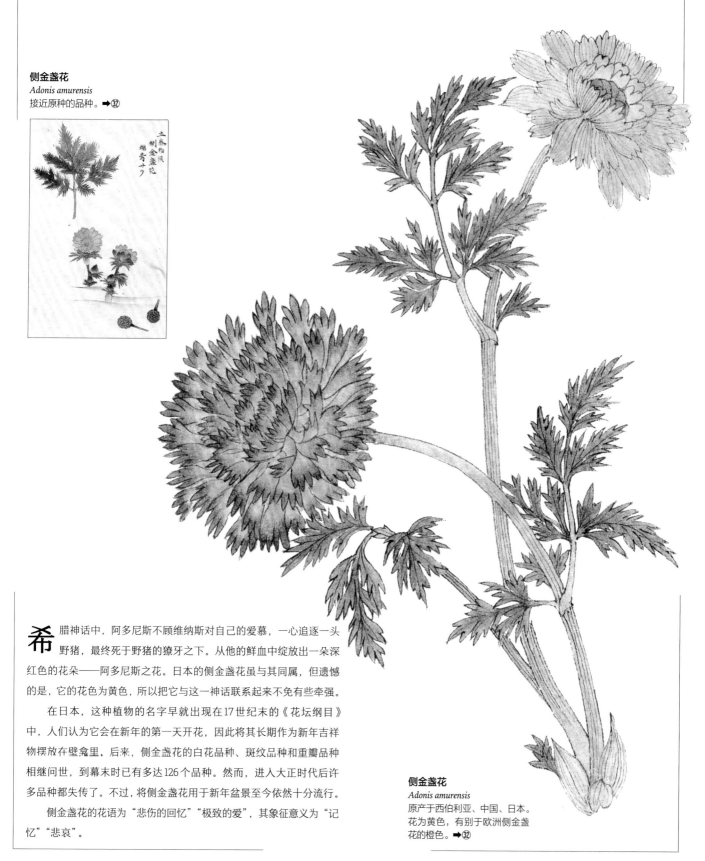

侧金盏花
Adonis amurensis
原产于西伯利亚、中国、日本。
花为黄色，有别于欧洲侧金盏
花的橙色。➡㉜

希腊神话中，阿多尼斯不顾维纳斯对自己的爱慕，一心追逐一头野猪，最终死于野猪的獠牙之下。从他的鲜血中绽放出一朵深红色的花朵——阿多尼斯之花。日本的侧金盏花虽与其同属，但遗憾的是，它的花色为黄色，所以把它与这一神话联系起来不免有些牵强。

在日本，这种植物的名字早就出现在17世纪末的《花坛纲目》中，人们认为它会在新年的第一天开花，因此将其长期作为新年吉祥物摆放在壁龛里。后来，侧金盏花的白花品种、斑纹品种和重瓣品种相继问世，到幕末时已有多达126个品种。然而，进入大正时代后许多品种都失传了。不过，将侧金盏花用于新年盆景至今依然十分流行。

侧金盏花的花语为"悲伤的回忆""极致的爱"，其象征意义为"记忆""悲哀"。

紫藤属

【原产地】东亚、北美洲。

【学　名】*Wisteria*：属名源于19世纪初期美国宾夕法尼亚大学的植物学教授卡斯珀·威斯塔（Caspar Wistar）的名字。

【日文名】ふじ（藤）：意为风把东西吹散，去掉了中文名里的"紫"。

【英文名】wistaria：与学名同一语源，注意拼写不同。

【中文名】紫藤：意为开紫花的藤蔓植物。指与日本紫藤同属的中国紫藤。

日本多花紫藤与中国白花藤萝
Wisteria floribunda，*W. venusta*
日本引以为傲的豆科观赏树。中国紫藤比一般的紫藤开花更早。➡①

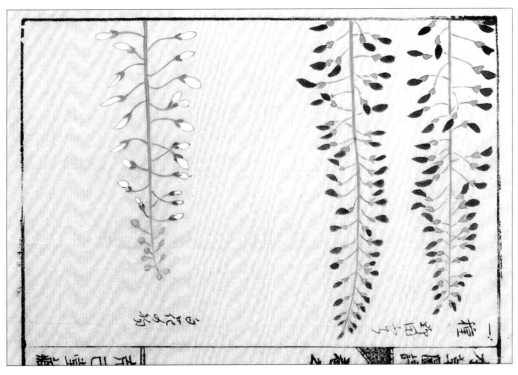

紫藤是一种日本传统植物，常被用于纹章的设计，如西本愿寺的大谷家家纹等。它最早被用来制作弓箭上的弦，树皮纤维还可以用来制作藤布，这些在《古事记》中均有记载。另外，紫藤花架也是庭园里必不可少的一部分。在平安时代，紫藤的紫色被视为最高贵的颜色。它还与藤原家族有着不解之缘，常常出现在和歌等文学作品中——比较著名的有《源氏物语》中的藤壶，以及日本舞踊中的藤娘等。

除了日本和中国，紫藤也深受美国人的喜爱，美国东部地区天然生长着美国紫藤。中国紫藤和日本紫藤分别于1816年和1830年传入欧洲。

紫藤的花语为"欢迎""沉醉于爱情"，紫藤也是初夏的象征。

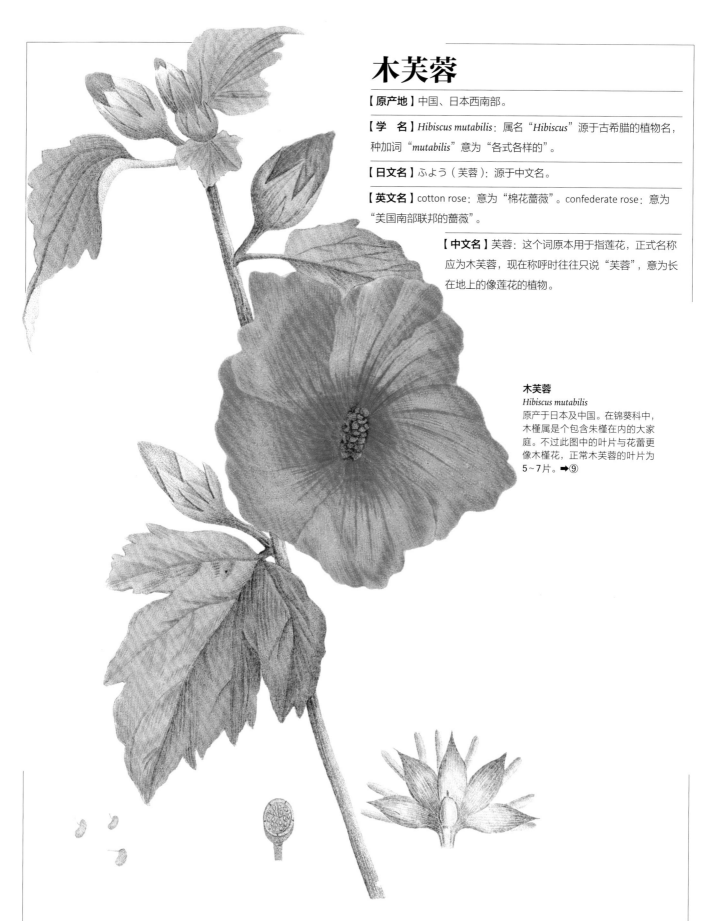

木芙蓉

【原产地】中国、日本西南部。

【学　名】*Hibiscus mutabilis*：属名"*Hibiscus*"源于古希腊的植物名，种加词"*mutabilis*"意为"各式各样的"。

【日文名】ふよう（芙蓉）：源于中文名。

【英文名】cotton rose：意为"棉花蔷薇"。confederate rose：意为"美国南部联邦的蔷薇"。

【中文名】芙蓉：这个词原本用于指莲花，正式名称应为木芙蓉，现在称呼时往往只说"芙蓉"，意为长在地上的像莲花的植物。

木芙蓉
Hibiscus mutabilis
原产于日本及中国。在锦葵科中，木槿属是个包含朱槿在内的大家庭。不过此图中的叶片与花蕾更像木槿花，正常木芙蓉的叶片为5~7片。➡⑨

正 如木槿是朝鲜的扶桑花一样，芙蓉是中国的扶桑花，原产于四川、广东和云南等南方省份，尤以四川成都的芙蓉最为出名。据说每到盛夏时节的傍晚，整座城市都处在芙蓉花海之中。中国宋代以后，这种花是花鸟画中最受欢迎的题材。芙蓉传入日本的时间不详，但室町时代之前就已经有赏芙蓉的活动了。在室町·桃山时代的绘画、和服和陶瓷中大量出现的芙蓉花形象就是证明。

木槿于17世纪传入欧洲，芙蓉于18世纪传入欧洲。木槿曾被当作"叙利亚的扶桑花"进行栽种，芙蓉却不受欢迎，也就没有扎根于欧洲。

富士山的别名"芙蓉峰"与这种花无关，而是源于莲花。

鸡蛋花

【原产地】美洲热带地区。

【学 名】*Plumeria rubra*：属名源于弗朗西斯科会士查尔斯·普拉米尔（Charles Plumier）的名字。

【日文名】いんとそけい（印度素馨）：意为印度的素馨花，实际原产于南美洲。ぶるめりあ（purumeria）：属名的日语读法。

【英文名】temple tree：或因其常被种植在寺院而得名，又或是因为其被用作马来西亚葬礼中的花环而得名。frangipani：源于发明了一种名为"frangipane"的点心的人的名字，由来不详。

【中文名】鸡蛋花：因其纯白的花色而得名。

钝叶鸡蛋花
Plumeria obtusa
原产于美洲热带地区，与夹竹桃关系亲密。在夏威夷用于制作套在脖子上的花环。➡③⑤

鸡蛋花是热带地区最具代表性的庭园植物之一。它原产于美洲，但从它的日文名"印度素馨"不难看出，它更广泛地分布于印度、东南亚、非洲热带地区和夏威夷。鸡蛋花的花朵很大，直径有6~7厘米。在夏威夷，人们用万代兰制作花冠戴在头上，鸡蛋花则用于制作脖子上的花环。这种植物在夏威夷并非野生，而是由人工大规模种植的，于1690年传入欧洲。

令人称奇的是，印度寺庙的花园里会种植这种花树，仅仅是因为它的花朵美丽芳香。马来西亚有许多人会将它种植在墓地里，但似乎并没有宗教方面的原因。如今，在各地的花园中都能看到鸡蛋花，这要得益于欧洲人在挑选树木时的一视同仁，也是它很容易通过扦插繁殖的结果。

秋海棠

【原产地】除澳大利亚外全世界。

【学　名】*Begonia grandis*：属名源于17世纪法国殖民地总督、植物学家米歇尔·贝贡（Michel Bégon）的名字。

【日文名】しゅうかいどう（秋海棠）：源于中文名。べごにあ（begonia）：属名的日语读法。

【英文名】begonia：属名的英语读法。

【中文名】秋海棠：指秋天开花，与海棠相似的植物。

秋海棠
Begonia grandis
原产于中国，在日本已经野生化。
➡⑮

如今，一提到秋海棠，许多人脑海中浮现的都是原产于南美洲的现代四季开花品种。然而，日本早在江户时代就有一种真正的秋海棠，它原产于中国南部，在宽水年间从中国引入日本长崎市，之后被广泛种植在花园中。19世纪初，该品种经斯里兰卡传入英国。

19世纪40年代，英国皇家植物园引入了印度和牙买加的秋海棠。桑顿的《花之神殿》中也收录了一幅牙买加品种秋海棠的插图。不过，现在花店里出售的块茎秋海棠是大约同一时期被发现的南美洲品种的直系后代，这些品种在明治末期至昭和年代传入日本。

秋海棠的花语为"单恋""不和谐"。

矮牵牛

【原产地】南美洲。

【学　名】*Petunia × atkinsiana*：属名源于其近缘种烟草的拉丁语读法。

【日文名】つくばねあさがお（筑羽子朝颜）：意为像日式羽子板上的羽毛一般的牵牛花。

【英文名】garden petunia：属名的英语读法前加上"花园"一词。

【中文名】矮牵牛：意为小小的牵牛花。

矮牵牛
Petunia × atkinsiana
如图中的矮牵牛，现在有许多
交配种。➡㊱

矮牛于19世纪初首次引入欧洲，现在广泛种植于花坛和盆栽中。初夏时节，德国的窗台上总是能见到这种植物，这和日本檐廊上的牵牛花有异曲同工之妙。

最初的矮牵牛品种是法国人于1813年在巴西发现的，它被送到巴黎皇家植物园园长朱西厄的手中，也是他命名了矮牵牛的学名。其阿根廷原种据说是由苏格兰爱丁堡植物园的园丁詹姆斯·特威迪（James Tweedy）发现的。随后，巴西原种和阿根廷原种于1834年在英国完成杂交。到19世纪末，人们以法国土伦女子修道院为据点培育出了更多变种，其中包括大花、矮花和重瓣品种。

矮牵牛的花语为"有你在我就觉得温馨""断情"。

凤仙花

【**原产地**】亚洲热带地区、非洲热带地区。

【**学 名**】*Impatiens balsamina*：属名源于拉丁语，意为"无法忍受"。其果实成熟时只要轻轻一碰，它的籽荚就会弹射出很多籽来，因而得名。

【**日文名**】ほうせんか（鳳仙花）：源于中文名。つまくれない、つまべに（爪紅）：因为人们会用这种花染指甲而得名。

【**英文名**】touch-me-not：意为"请勿触碰我"，因其一碰就会弹开而得名。

【**中文名**】凤仙花：由来不明，其意或为凤凰仙人之花。

凤仙花
Impatiens balsamina
原产于印度和中国。"爪红"之名名副其实。➡⑨

凤 仙花虽原产于热带地区，却是一种历史悠久的园艺植物，早在1596年就传入欧洲。它在元禄时代传入日本，经过长期栽培，慢慢演变成今天的花坛园艺植物。

其同属植物在古希腊就已为人所知。希腊神话中有这样一个故事：有位女神被派去看守一个金苹果，然而，苹果不知被什么人偷走了。她被指控盗窃，并被逐出奥林匹斯山，落得十分凄惨的下场。为了洗脱罪名，她将自己变成一朵花，每当有人触碰她时，她便会迸裂开告诉别人自己是无辜的，她的手里并没有金苹果。

凤仙花的花语为"急躁""脆弱"，红花则代表"请不要触碰我"。

牡丹

【原产地】中国。

【学　名】Paeonia × suffruticosa：属名源于希腊神话中的医神派安的名字。与同属芍药一样，因其根块自古以来就作为药用而得名。关于芍药的介绍，请参阅"芍药"一节。

【日文名】ぼたん（牡丹）：源于中文名。

【英文名】tree peony：自拉丁名演变而来。

【中文名】牡丹：语源不明。"牡"指"雄性的"，"丹"指红色的水银化合物。

牡丹
Paeonia × suffruticosa
原产于中国陕西省延安市。中国及日本培育了许多品种。➡⑬

在中国，牡丹被人们视如珍宝，素有"花王""花神""富贵花"之美称。在古代，牡丹主要为药用，直到唐代才开始用于观赏。特别是公元8世纪中叶的唐玄宗时期，牡丹在京城长安十分盛行，该地常会举行牡丹宴。人们通过嫁接培育出各种珍花、名花，有的品种甚至价值数万金。传说中，诗人韩愈的侄子培育出各色牡丹，以此来预测他叔叔的未来。

牡丹
Paeonia × suffruticosa
变色品种。此花只有在东方画家
笔下才最能展现其神韵。➡️㉟

有种说法是，在奈良时代，牡丹是由吉备真备从中国经渤海带入
日本的。到了平安时代，人们开始园艺种植牡丹，其以"ほうたん"
（houtan）的名称出现在《枕草子》中。从江户时代出现各式品种，
到元禄时代（1688—1704年）已经记录在册的牡丹品种就有300个。

牡丹的花语在中国为"富贵"。在日本，它代表着男子气概，因
为人们认为这种花只有雄花。唐狮子牡丹是日本黑道的重要象征。

牡丹
Paeonia × suffruticosa
由贝萨描绘。有意思的是，西
方画家绘制牡丹时总是画得很
像蔷薇。➡️⑮

凤眼莲

【原产地】 非洲。

【学　名】 *Eichhornia crassipes*：属名源于19世纪前叶普鲁士文化部部长赫尔曼·冯·艾希霍恩（Hermann von Eichhorn）的名字。

【日文名】 ほていあおい（布袋葵）：叶柄基部肥大膨起，形似布袋佛的肚子，因而得名。

【英文名】 water hyacinth：意为"水生的风信子"。

【中文名】 凤眼莲：其意或为叶片形似凤凰眼睛的蓝色花。

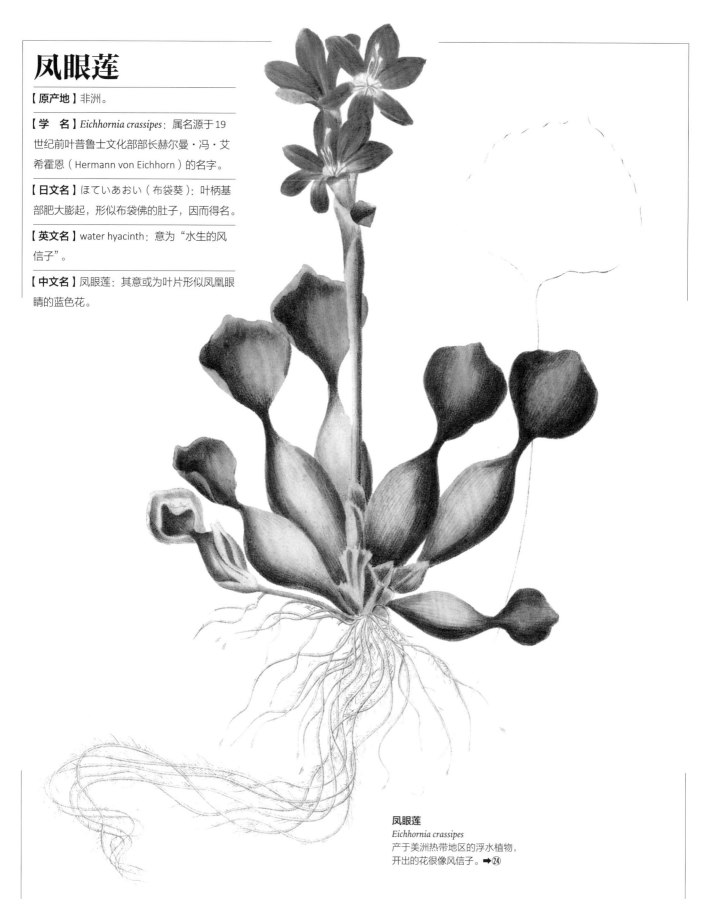

凤眼莲
Eichhornia crassipes
产于美洲热带地区的浮水植物，
开出的花很像风信子。➡㉔

凤眼莲原产于热带地区，是一种在日本随处可见的植物，经常出现在金鱼缸和院子的池塘中。作为一种浮游水生植物，人们将它放入水缸中观赏它的叶子。因此，凤眼莲主要在金鱼店出售，而不是在花店。这种让人觉得凉爽的花虽然每次开花的时间只有一天，却能在整个夏季反复开花，实在是美不胜收。

凤眼莲繁殖力强，观赏用的品种在世界各地的河流、湖泊中疯长，形成了庞大的群落，甚至影响到船只的航行。通常情况下，它们最多长到几十厘米，但如果养分充足，则能长到小孩子那么高。

凤眼莲能很好地吸收水中的氮和磷，因此可用于净化水质和处理猪的排泄物。也有一些地区的人们会食用它的嫩芽和花序。

平安时代栽种的所谓水葱其实是它的近缘种莼菜或小水葱，它们自古以来就是日本的原生植物。现在东南亚地区将其作为蔬菜种植。

晚香玉

【原产地】中美洲、西印度群岛。

【学　名】*Polianthes tuberosa*：属名源于希腊语，意为"灰色的花"。

【日文名】げっかこう（月下香）：源于闽南语，其意或为月光下散发香气的花。

【英文名】tuberose：源于种加词，意为"块茎状的"，与"结核"同语源。

【中文名】晚香玉：意为夜晚绽放的香玉般的花。

晚香玉
Polianthes tuberosa
原产于中南美洲，很早以前就普及到了包括日本在内的旧世界地区。➡㉛

这种植物原产于中南美洲，但早在16世纪末就已经漂洋过海来到欧洲。这种花的香味在白天并不明显，但在夜幕降临时会变得格外浓烈，因而在东方得名"晚香玉"。它是一种重要的香料，现在的大部分香水都会以晚香玉为原料。法国南部的晚香玉产地曾经十分出名，之后，中国产的晚香玉占据了市场，因此日本通常使用它在闽南语中的叫法。现在，晚香玉的主要种植地在印度。

18世纪末的宽政年间（1789—1801年），荷兰人把它从爪哇岛带到了日本。因此，它也被称为荷兰水仙或爪哇水仙。目前种植在房总半岛，主要用于插花，而非制作香水。

晚香玉的花语为"危险的快乐"。

万寿菊

【原产地】中南美洲。

【学　名】*Tagetes erecta*：属名源于伊特鲁里亚的耕田中出现的少年神的名字塔格斯（Tages），他也是预言之神。因与塔格斯用于占卜的植物类似而得名。

【日文名】まんじゅぎく（万寿菊）、せんじゅぎく（千寿菊）：均因其寿命长而得名。

【英文名】french marigold,african marigold："marigold"指圣母马利亚的金色之花。

【中文名】万寿菊：源于日文名。

万寿菊
Tagetes erecta
原产于中美洲。花小，
开花密集。➡⑨

有多种花卉都被称为"marigold"，这里介绍的是16世纪时从新大陆传入的花卉。法国品种是在17世纪由法国新教徒带到英国的；非洲品种是先从新大陆传入北非，野生化后在17世纪重新被发现的。17世纪的几乎每本园艺书中都能找到这种花的名字，荷兰派的花卉画家也争相描绘万寿菊。

人们通常认为这种花是圣母马利亚的所有物。它不畏狂风暴雨，在夏日的骄阳下绽放，面对黑暗则闭合，这不禁让人联想到圣母。教堂里的玫瑰窗也被称为万寿菊窗。据说，万寿菊英文名中的"mari"实际上并不是指圣母，而是指拉丁语中的大海或沼泽。在英国，这种花曾被用来预测天气，现在仍用于占卜爱情。

万寿菊的花语为"悲哀"，其象征意义为"女性的贞洁""爱的忍耐"。

相思树属

【原产地】南半球的热带和亚热带。

【学　名】*Acacia*：属名源于希腊语，指埃及品种的金合欢，语源上与"刺"之意有关，因为这种植物上有尖锐的刺而得名。

【日文名】あかしあ（akashia）：源于英文名。あかきや（赤木屋）：拉丁名的日文汉字音译。白木屋和服店（现东急百货店）前面的"赤木屋证券"及"赤木屋票务指南"的名字也都是源于此。

【英文名】mimosa：意为"合欢"。acacia：属名的英语读法。

【中文名】金合欢：金色的合欢花。

台湾相思
Acacia confusa
分布于东南亚及中国，
与金合欢关系亲密。➡㉔

金合欢自古以来就是地中海地区的园林树种。容易混淆的是，这一类植物通常被称为"mimosa"或"acacia"，在植物学上"mimosa"指含羞草类，也就是俗称的合欢。而在日本被称为"acacia"的也不是这个品种，而是假金合欢（刺槐）。

对古代犹太人来说，这种树是被称为"citta"的圣树，一直被用来制作约柜（古代以色列民族的圣物）和帐篷。它的材质很轻，又能防潮。在巴比伦，它是伊什塔尔女神的圣树，也是生命力的象征。由于金合欢生长迅速，在美国开拓时期经常被用来建造房屋。古埃及人用金合欢带刺的枝条供奉母神奈特，奈特也选择金合欢作为栖身之地。还有一种说法认为，耶稣的头冠就是用金合欢制成的，诺亚方舟也是用金合欢木建造的。

金合欢的花语为"优雅"，其象征意义为"友情""繁荣""不灭""不朽"。

蜡菊属

【原产地】南欧、南非、亚洲热带地区、澳大利亚。

【学 名】*Helichrysum*[1]：属名源于希腊语，意为"太阳的金色"，因其开金黄色的花而得名。

【日文名】むぎわらぎく（麦藁菊）：英文名的意译。

【英文名】strawflower：其花为筒状，周围有花瓣状的总苞，让人联想到草帽，因而得名。

【中文名】蜡菊："蜡"指苍蝇的幼虫蛆。

1 属名已处理为"*Xerochrysum*"，鉴于原文系解释"*Helichrysum*"一词由来，此处不作调整。——编者

麦秆菊
Xerochrysum bracteatum
原产于澳大利亚。花有多种颜色，用于制作干花的品种"帝王贝细工"就是本种的改良种。➡⑮

蜡菊的栽培往往以艺术为目的。人们很少欣赏蜡菊新鲜的花朵，而是将它和其近缘种银苞菊一起制成永生花，也就是干花。因为这些花干燥后不会变色或枯萎，所以常常用于室内装饰。也正是出于这个原因，古希腊人认为蜡菊与帕尔纳索斯山是最相称的。希腊神话中，一位名为埃里克丽莎的仙女用这种花为狄安娜编织了一个花环。

虽然很容易混淆，但花店里被称为银苞菊的实际上是麦秆菊的改良品种帝王银苞菊，真正的银苞菊已经不再用于制作干花。

蜡菊在19世纪中叶由荷兰船只带入日本。不过，它并不适合日本的气候，很难在室外种植。

蜡菊的花语为"永恒的记忆""感谢""永远"。

紫露草属

【原产地】南北美洲。

【学　名】*Tradescantia*：属名源于英国植物学家、园艺家约翰·特拉德斯坎特的名字。

【日文名】むらさきつゆくさ（紫露草）：意为花色为紫色，接近露草的植物。

【英文名】spiderwort：意为"虫之草"，传言它可以治疗蜘蛛的咬伤。

【中文名】紫露草：源于日文名。

块茎鸭跖草
Commelina tuberosa
原产于墨西哥，日文名为"夕露草"，是近缘鸭跖草属的一种。➡⑮

无毛紫露草
Tradescantia virginica
原产于北美洲东部，种加词与弗吉尼亚州有关。➡⑨

它是最早传入英国的新大陆植物之一，学名源于英国第一位植物猎人约翰·特拉德斯坎特的名字。1611年，特拉德斯坎特成为伦敦北郊索尔兹伯里勋爵（Lord Salisbury）大花园的园丁，开始了他的园艺家生涯。为了给这座花园增光添彩，特拉德斯坎特参加了前往俄罗斯的博物考察。1629年，他成为查理一世皇家花园的园丁长，并前往新大陆寻找更多新植物。他在北美洲的弗吉尼亚州发现的植物就是紫露草。

紫露草可以检测出放射能对生物体的影响，因此十分出名。英国人叫它"蜘蛛草"，因为它的叶子很像缠在一起的蜘蛛腿，所以它也被认为是治疗蜘蛛咬伤的良药。

紫露草的花语为"尊崇"。

玉兰属

【原产地】东南亚、中北美洲。

【学　名】 *Magnolia*[1]：属名源于18世纪法国蒙彼利埃大学植物学教授皮埃尔·马格诺尔（Pierre Magnol）的名字。

【日文名】 もくれん（木蓮）：指地上开花，与莲花相似的花。

【英文名】 magnolia：属名的英语读法。

【中文名】 木兰：指在地上开花，与兰花相似的花。《酉阳杂俎》中说，木兰的叶子像辛夷，花像莲花。

1　玉兰属学名已修订为 *Yulania*，为避免原文语义矛盾，此处不作修改。——编者

紫玉兰
Yulania liliiflora
原产于中国，花瓣内侧
为白色。➡⑮

木兰的两个品种紫玉兰（辛夷）和白木兰（玉兰）在中国被视为古老而高贵的花木，通常种植在王宫和寺庙中。二者很早以前就传入了日本，直到18世纪末才传入欧洲。之后，木兰经过品种改良和不断杂交，现在已经培育出了几十个花园品种。

木兰的花朵硕大而华丽，因此人们将木兰和与其同属的日本辛夷同视为花木，并在世界各地种植。它也是美国路易斯安那州和密西西比州的州花。

木兰科的植物被认为是显花植物中最原始的植物，其花瓣多，花瓣、雄蕊和雌蕊均呈螺旋状。

它们的发芽率很高，因此很容易通过种子、嫁接和扦插繁殖。另外，种下木兰树后只需一年就能开花。

木兰的花语为"高尚的灵魂"。

矢车菊

【原产地】 地中海沿岸及其周边。

【学　名】 *Centaurea cyanus*：属名源于希腊神话中的半人马。

【日文名】 やぐるまぎく（矢車菊）：意为形似日本鲤鱼旗顶端的风车，又与菊花相似的花。やぐるまそう（矢車草）。

【英文名】 blue-bottle：意为"蓝色的瓶子"，源于其花的形状。

【中文名】 矢车菊：源于日文名。

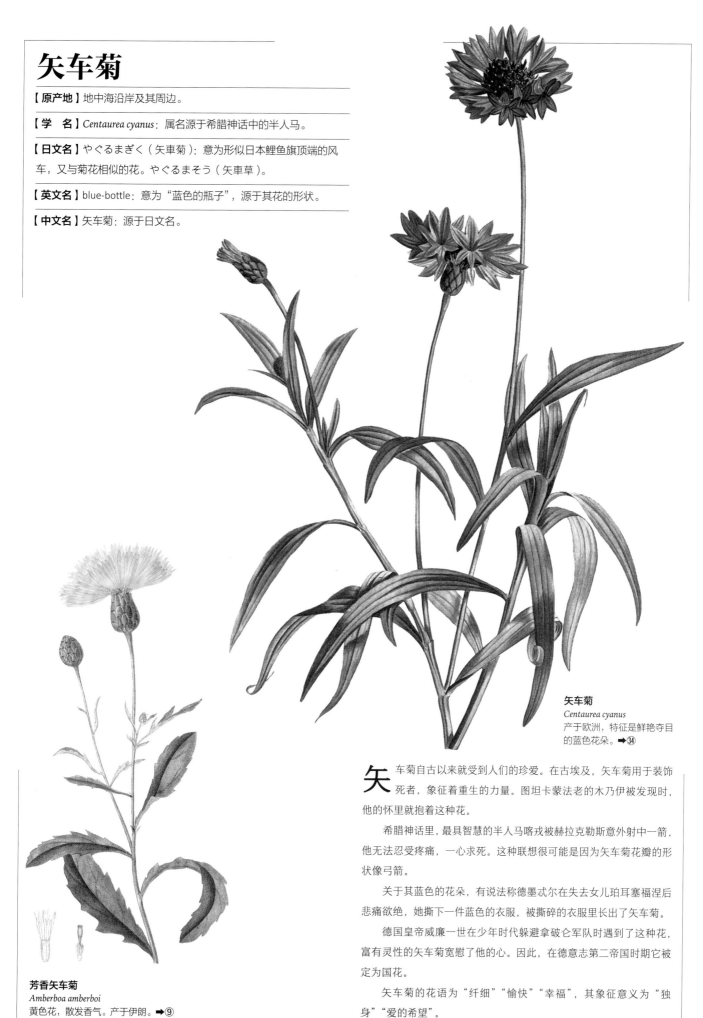

矢车菊
Centaurea cyanus
产于欧洲，特征是鲜艳夺目的蓝色花朵。➡⃝34

芳香矢车菊
Amberboa amberboi
黄色花，散发香气。产于伊朗。➡⃝9

矢车菊自古以来就受到人们的珍爱。在古埃及，矢车菊用于装饰死者，象征着重生的力量。图坦卡蒙法老的木乃伊被发现时，他的怀里就抱着这种花。

希腊神话里，最具智慧的半人马喀戎被赫拉克勒斯意外射中一箭，他无法忍受疼痛，一心求死。这种联想很可能是因为矢车菊花瓣的形状像弓箭。

关于其蓝色的花朵，有说法称德墨忒尔在失去女儿珀耳塞福涅后悲痛欲绝，她撕下一件蓝色的衣服，被撕碎的衣服里长出了矢车菊。

德国皇帝威廉一世在少年时代躲避拿破仑军队时遇到了这种花，富有灵性的矢车菊宽慰了他的心。因此，在德意志第二帝国时期它被定为国花。

矢车菊的花语为"纤细""愉快""幸福"，其象征意义为"独身""爱的希望"。

凤尾丝兰

【原产地】北美洲。

【学 名】*Yucca gloriosa*：属名"*Yucca*"指西印度群岛的某种植物，为误用。种加词"*gloriosa*"意为"荣光"。

【日文名】きみがよらん（君が代蘭）。

【英文名】spanish dagger：意为"西班牙的匕首"，因其剑状的叶片而得名。lord's candlestick：意为"耶稣的烛台"，因其全身形态而得名。

【中文名】凤尾丝兰：指像凤凰尾巴一样的兰花。

凤尾丝兰
Yucca gloriosa
原产于北卡罗来纳州至佛罗里达州，叶片比一般的凤尾丝兰厚。➡️㊸

这是一种栽培于关东地区以南庭园的奇特多肉植物，与龙舌兰同属一个科。凤尾丝兰最大的特点是在单子叶植物中属木本植物。

在原产地以外的地区，除非人工授粉，否则这种植物就不会结果。这是因为它需要一种名为丝兰蛾的特殊蛾子进行授粉。丝兰蛾被花香吸引，在夜间出没，它们将花粉塞入凤尾丝兰柱头的凹陷处并在那里产卵。孵化出的幼虫以未成熟的种子为食，然后在果实的壁上钻洞逃走。没有被吃掉的未成熟的种子就会结出果实。

丝兰属有多个品种，其中有在幕末时期从荷兰引进的丝兰，其叶片边缘有白色丝状物；还有短叶丝兰，它有着和露兜树一样奇特的形态，能长至10米高。

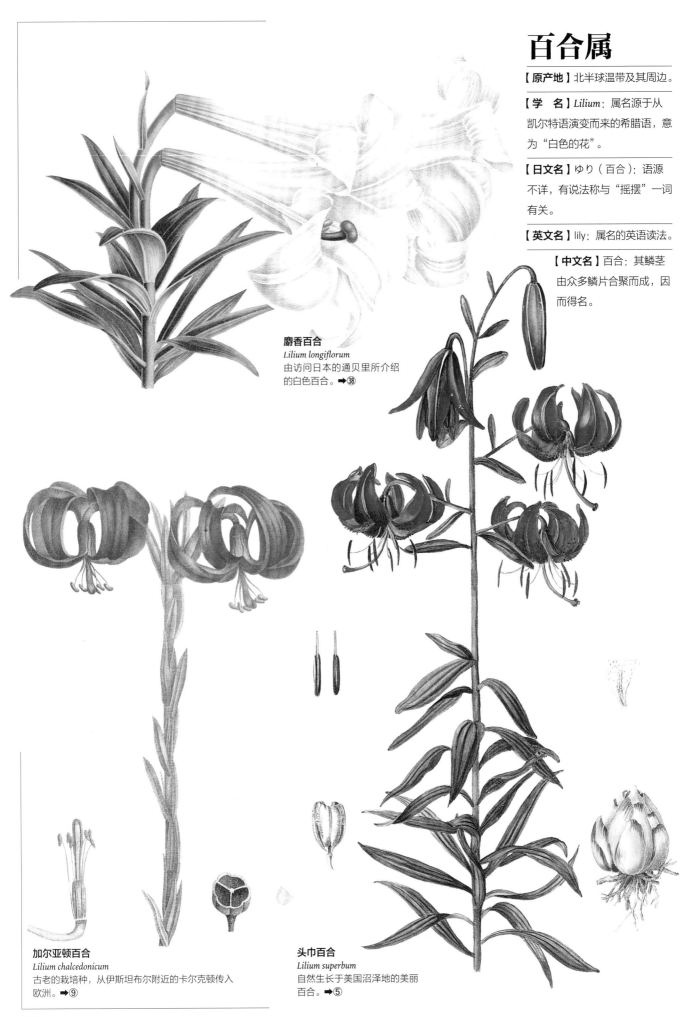

百合属

【原产地】北半球温带及其周边。

【学 名】*Lilium*：属名源于从凯尔特语演变而来的希腊语，意为"白色的花"。

【日文名】ゆり（百合）：语源不详，有说法称与"摇摆"一词有关。

【英文名】lily：属名的英语读法。

【中文名】百合：其鳞茎由众多鳞片合聚而成，因而得名。

麝香百合
Lilium longiflorum
由访问日本的通贝里所介绍的白色百合。➡️㊳

加尔亚顿百合
Lilium chalcedonicum
古老的栽培种，从伊斯坦布尔附近的卡尔克顿传入欧洲。➡️⑨

头巾百合
Lilium superbum
自然生长于美国沼泽地的美丽百合。➡️⑤

卷丹
Lilium lancifolium
原产于日本、中国、朝鲜的华美
百合,有许多变种。➡⑦

在 欧洲历史上,百合是仅次于蔷薇的重要花卉。由于百合在欧洲
当地极为罕见,因此长期以来都被当作园艺植物。据说,百合
花是夏娃幻变而成的。在《圣经·旧约·雅歌》中,女人的嘴唇被比
作百合花,象征着性爱。这些百合花通常被认为有着白色以外的颜色,
如红色。

　　白色百合花象征着圣母马利亚的纯洁,中世纪以来一直用于描绘
圣母马利亚的圣像。天使加百列向马利亚宣布受孕的场景中一定会有
百合花。大多数情况下,百合是被天使握在手中的,即使不是这样,
百合花也会出现在告知圣母受孕的画作中。

　　对于希腊人和罗马人来说,百合花也是纯洁的象征。在罗马,百
合花是朱庇特的妻子朱诺的所有物,这与维纳斯的所有物蔷薇形成鲜
明对比。据说百合花是从朱诺的乳汁中诞生的。

　　百合的花语为"纯洁""甜美""威严",其象征意义为"主
权""丰收""悔恨"。

天香百合
Lilium auratum
日本产的山百合的变种,也
被称作朝百合。➡㉜

紫丁香

【原产地】东欧、西北亚、日本。

【学　名】*Syringa oblata*：属名原为日本山梅花（现用名为*Philadelphus*）的拉丁名。"*Syringa*"源于用日本山梅花制成的希腊排笛"syrinx"一词。

【日文名】らいらっく（rairaaku）：英文名的日语读法。りら（rira）：法语名的日语读法。むらさきはしどい（紫丁香）：源于自然生长在日本的同属植物丁香，丁香花的颜色一般为紫色。

【英文名】lilac：可以追溯到梵语的"深藏青色"一词，用于表现其独特的花色。

【中文名】紫丁香。

欧丁香
Syringa vulgaris
原产于东欧的落叶树，英文名中的"lila"源于其花朵的紫色。➡️⑨

与郁金香一样，这种花也是土耳其君士坦丁堡的宫廷外交官带到欧洲的。紫丁香于17世纪初传入欧洲，即使在贫瘠的土壤中也能茂盛生长。

　　紫丁香的属名"*Syringa*"源于希腊神话中的排笛（syrinx）。然而，排笛与丁香属的植物之间并无明显的关联，倡导现代命名法的林奈为其赋名显得有些随心所欲，自此二者变得混淆不清，滋生了许多麻烦。

　　传说中，成群开花的紫丁香，哪怕只砍下其中一枝，剩下的紫丁香也会因为悲伤在第二年便不再开花了。

　　人们认为把紫丁香带进家里是不吉利的，尤其不能带白色的紫丁香探望病人。

　　紫丁香的花语为"初恋的味道"。

毛茛属

【原产地】北半球暖温带以北。

【学　名】*Ranunculus*：属名源于拉丁语中"青蛙"一词，由老普林尼命名。水生种类总是生长在有青蛙群居的地方，因而得名。

【日文名】らなんきゅらす（ranankyurasu）：属名的日语读法。うまのあしがた（馬の足型）、はなきんぽうげ（金鳳花，并非中国的凤仙花科金凤花）：均为同属异种。

【英文名】crow's foot：与日文名一样，源于其叶片的形状。

【中文名】毛茛：语源不详，"茛"原指草乌头的苗。

花毛茛
Ranunculus asiaticus
产于欧洲至亚洲西南地区。
5枚花瓣的品种。➡⑩

花毛茛
Ranunculus asiaticus
由英国培育，像菊花般华美
的品种。➡㉑

花毛茛
Ranunculus asiaticus
作为园艺品种，色彩丰富，
形态各异。➡⑩

毛茛的园艺品种有多个谱系。其中土耳其系在16世纪传入欧洲，法国系在19世纪的法国改良后，于荷兰得到进一步改良。总而言之，它们在17—18世纪非常受欢迎，后来一度风光不再，到20世纪时才作为园艺品种再次兴起。

这种植物的名称和动物有着不解之缘。它的拉丁名与青蛙有关，英文名与乌鸦有关，日文名与马有关。

花毛茛是有毒的植物，家畜不能食用。根据民间传说，吃了花毛茛的人会笑个不停。还有人说，吃了它的人必须喝下加了菠萝心和胡椒的陈年葡萄酒，否则就会命丧黄泉。

传说13世纪中叶时，法国国王路易九世参加了十字军东征，归来时给他爱花的母亲带回的就是花毛茛。

花毛茛的花语为"魅惑""光辉""焦躁"。

兰科

【原产地】除两极地区外全世界。

【学　名】Orchidaceae：科名源于希腊语"orchis"，意为"睾丸"，因其有一对圆形的块根而得名。

【日文名】らん（蘭）：中文名的音读。

【英文名】orchid,orchis：均源于其古语名。

【中文名】兰：原指所有带香味的花。

金虎兰
Rossioglossum grande
原产于危地马拉。最古老的栽培种，十分受欢迎。➡️㊲

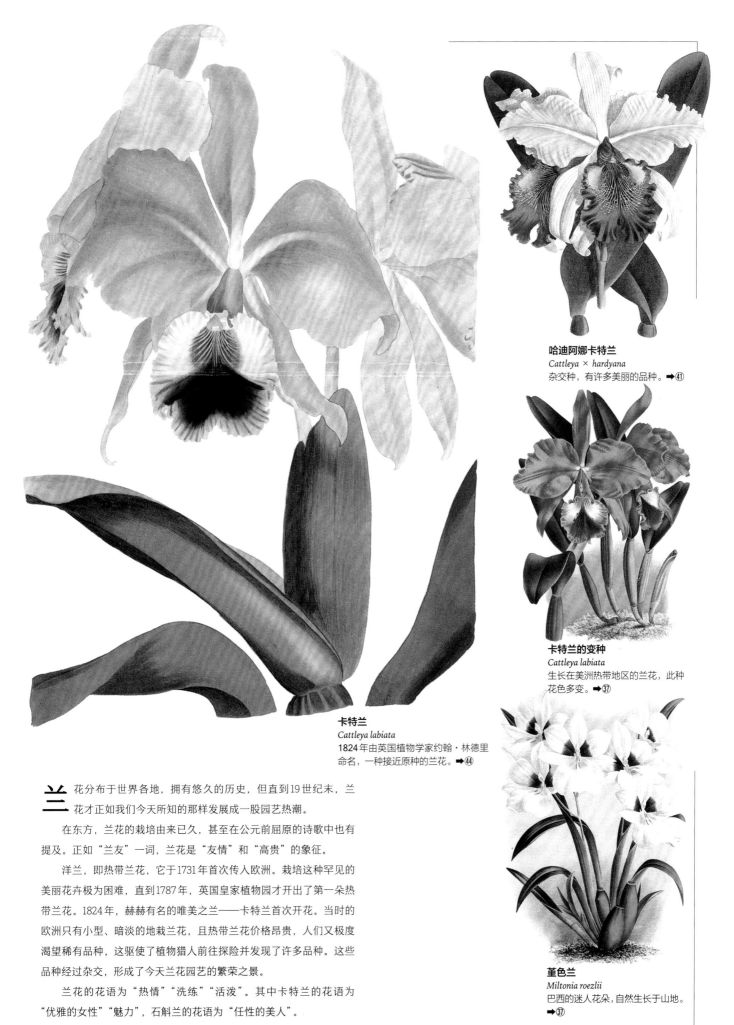

哈迪阿娜卡特兰
Cattleya × hardyana
杂交种，有许多美丽的品种。➡️④

卡特兰的变种
Cattleya labiata
生长在美洲热带地区的兰花，此种花色多变。➡️㊲

堇色兰
Miltonia roezlii
巴西的迷人花朵，自然生长于山地。
➡️㊲

卡特兰
Cattleya labiata
1824年由英国植物学家约翰·林德里命名，一种接近原种的兰花。➡️㊹

兰花分布于世界各地，拥有悠久的历史，但直到19世纪末，兰花才正如我们今天所知的那样发展成一股园艺热潮。

在东方，兰花的栽培由来已久，甚至在公元前屈原的诗歌中也有提及。正如"兰友"一词，兰花是"友情"和"高贵"的象征。

洋兰，即热带兰花，它于1731年首次传入欧洲。栽培这种罕见的美丽花卉极为困难，直到1787年，英国皇家植物园才开出了第一朵热带兰花。1824年，赫赫有名的唯美之兰——卡特兰首次开花。当时的欧洲只有小型、暗淡的地栽兰花，且热带兰花价格昂贵，人们又极度渴望稀有品种，这驱使了植物猎人前往探险并发现了许多品种。这些品种经过杂交，形成了今天兰花园艺的繁荣之景。

兰花的花语为"热情""洗练""活泼"。其中卡特兰的花语为"优雅的女性""魅力"，石斛兰的花语为"任性的美人"。

瓢唇兰
Catasetum pileatum
原产于厄瓜多尔，种加词源于其发现者班戈罗斯（Bungeroth）。➡️⑫

蕾丽兰与八色鸟
Laelia sp.
美丽的八色鸟分布在亚洲。
蕾丽兰同具艳丽特色，与八
色鸟争奇斗艳。➡④

紫红巴丽兰
Laelia purpurata
原产于巴西，花瓣的曲线充满梦幻
般的美感。➡㊹

拟蝶唇兰
Psychopsis papilio
南美洲的兰花，此为大文心兰的变种。
➡㊲

凤蝶兰
Papilionanthe teres
原产于缅甸，也被称为花棒兰。
➡㊹

龙胆属

【原产地】除非洲外全世界。

【学　名】*Gentiana*：属名源于 2000 年前最早将其作为药用的伊利里亚（现南斯拉夫）国王格恩蒂乌斯（Gentius）的名字，由罗马时代博物学家老普林尼命名。

【日文名】りんどう（竜胆）：源于中文名。

【英文名】gentian：属名的英语读法。

【中文名】龙胆：叶片与一种名为龙葵的植物接近，药用的根部味极苦，让人联想到胆，因而得名。

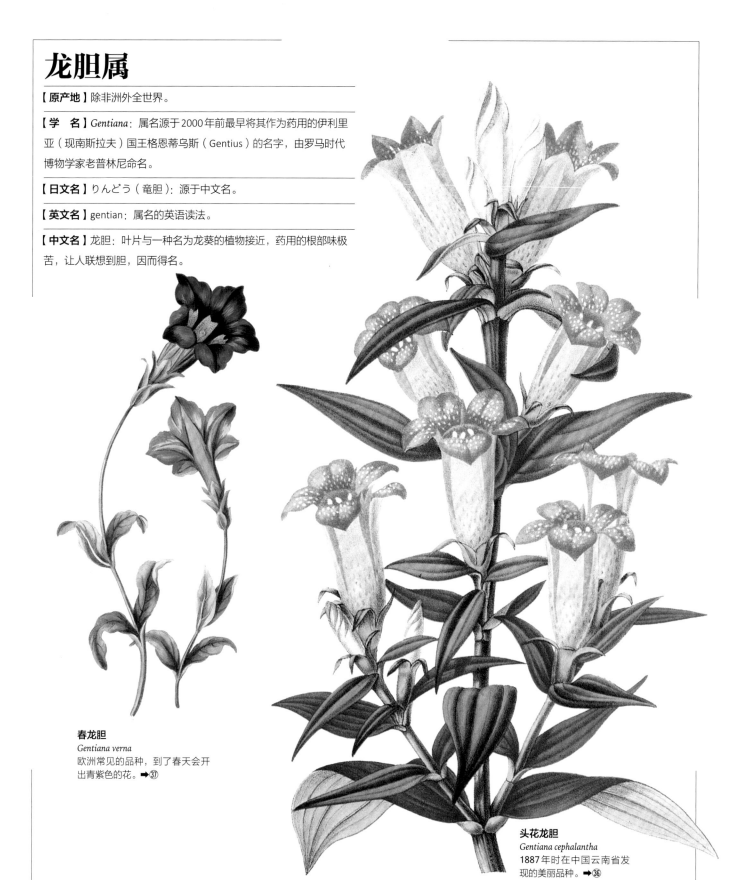

春龙胆
Gentiana verna
欧洲常见的品种，到了春天会开出青紫色的花。➡③⑦

头花龙胆
Gentiana cephalantha
1887 年时在中国云南省发现的美丽品种。➡③⑥

龙胆是古老的药用植物，常常被用作健胃剂，在西方也被用作治疗蛇咬伤的药物。龙胆的根可以磨成粉末，与酒混合入药。日本獐牙菜也是同科植物。现在，龙胆仍被用作补药和防腐剂。19 世纪时，尽管本土生长着具有相同药效的龙胆，英国仍然不断地大量进口龙胆，可见当时的植物学家非常依赖"外国货"。

阿尔卑斯山的蓝龙胆和日本的深山龙胆是登山者眼中绝美的景致。提到它们时，日本人总会联想到蓝色的花朵，但一些日本高山地区品种和西方品种的龙胆却是黄色的。在日本，这种花预示着秋天的结束，同时作为源氏家族的家纹也十分出名。

普通龙胆品种的花语为"祝你有个美梦"，大花品种为"我望着天"。

其象征意义为"十月""迷人的秋天"。

金光菊

【原产地】北美洲。

【学 名】*Rudbeckia laciniata*：属名源于瑞典植物学家鲁德贝克（Rudbeck）的名字。

【日文名】おおはんごんそう（大反魂草）：意为像大型的反魂草的植物。

【英文名】golden glow：意为"金色的光辉"，或是因为将其比喻成太阳的光线。

【中文名】金光菊：英文名意译后加上"菊"字。

黑眼菊
Rudbeckia serotina
原产于北美洲。仿佛黑人佩戴的黄色首饰，让人印象深刻。➡㉔

松果菊
Echinacea purpurea
原产于北美洲，拥有紫色的舌状花。➡⑦

金 光菊原产于北美洲，17 世纪上半叶开始在欧洲栽种。英国园艺家约翰·特拉德斯坎特于 1634 年将金光菊列入自己撰写的园林植物名录中。

林奈开创了新的分类学，他借用不同的人名给生物命名，并用自己导师鲁德贝克的名字来命名这种花。他在给鲁德贝克的信中写道："只要大地不消亡，只要春回大地时鲜花盛放，金光菊将令您声名永驻。"（1731 年 7 月 29 日手书）

他一字一句描述了金光菊与鲁德贝克老师是多么相称——"植物的高度恰似您的品德，自由伸展的枝干代表了您在自然科学和人文科学方面广博深厚的知识，辐射状的花朵如群星簇拥中的太阳，正如您徜徉在知识的海洋，而多年生的根则象征着您每一次取得的新成就。"

金光菊的花语为"不变""正义""不屈"。

天地庭园巡游

法国植物学家若姆·圣伊莱尔的肖像。圣伊莱尔著有许多书籍，其中有令南方熊楠也爱不释手的《法国植物》(Plantes de la France)。圣伊莱尔亲手绘制的多达1000页的彩色插图至今评价颇高，本书也刊载了他的许多幅作品。肖像图来自该书卷首。

Ornamental Gardening

Suggestions for making a regular form of Ground picturesque, by giving Views into the neighbouring Scenery.

Publish'd by Nuttall, Fisher & Dixon, Liverpool, Mar. 1818.

托马斯·格林在《万有本草辞典》中提议的"图画式花园"（Picturesque Garden）的插图。他提议摒弃欧洲长年来的传统几何学花坛，而应用更自由、更富有自然野性的植物布局。

邱园

汇聚全世界植物的植物学殿堂。

邱园的正式名称为英国皇家植物园，位于英国伦敦西郊，自1759年成为皇家植物园以来就一直是植物研究的中枢。特别是18世纪末，随库克船长第一次环游世界的约瑟夫·班克斯成为园长，他的到来让邱园获得了长足发展，世界各地的植物都被收集至此。

建成于1848年的棕榈大温室是邱园的又一重要标志性建筑。它由德西默斯·伯顿（Decimus Burton）设计，采用铸铁框架，表面覆盖着淡绿色的玻璃。这座宏伟的建筑备受市民赞誉，并促成了3年后伦敦世博会水晶宫的建造。

邱园是世界上第一个栽培金鸡纳树的地方，金鸡纳树含有奎宁，是治疗疟疾的有效药物；大鬼莲在世界范围内第一次开花的地方也是邱园，这种植物上甚至可以坐人。有件鲜为人知的事是，后来成为札幌农学院副校长的W.S.克拉克正是折服于棕榈温室和大鬼莲的魅力，从此立志从事植物学研究的。

胡克父子在19世纪后半期先后担任邱园园长一职，他们致力于提高邱园的植物学研究价值、编制植物目录等工作。甚至有人说，如果没有邱园，植物分类学就无从进展。

目前，邱园内有5万种植物和700万件标本。全世界的植物种类据说有30多万种，邱园几乎收集了所有种类的标本，活体植物的收集量也约占整体的8%。

邱园棕榈温室中的情景。棕榈温室是维多利亚时代伦敦市民休闲放松的好去处，人们在这里见识了此前从未观赏过的奇景。

刚建成时的棕榈温室。当时种植的椰子树现仍存活在园内。

18世纪的邱园。湖上的天鹅是乔治三世的坐骑。

花之神殿

天赐之花翩翩起舞，一座充满寓意的人间天堂。

英国植物学家罗伯特·约翰·桑顿以林奈的理论为依据，耗费心血制作了《林奈植物性别系统画册》（*New Illustration of the Sexual System of Carolus von Linnaeus*，1799—1807年）。1812年再版时，桑顿为其取名《花之神殿》。

右侧展示的两幅图清楚地阐明了何谓"花之神殿"。上图描绘了花神芙罗拉正从天空撒下春天的花朵。这很符合林奈的植物学传统——他喜欢用希腊和罗马神话中的神祇为植物命名。大地之上，每一朵花都属于芙罗拉女神，蒙受上天的恩赐，春回大地之时百花竞相绽放。大自然的这份礼物让人类置身在如梦似幻的人间天堂。

下图这张寓言画则为我们形象诠释了植物学的理论。这幅画的副标题是"植物之爱"，换句话说，即便是植物，一旦被丘比特之箭射中，也会渴望春天的爱情，雄蕊和雌蕊像动物一样结合繁衍。正是林奈的性别分类学让人们明白，植物的花实际上是生殖器官。因此雄蕊和雌蕊也可以称为植物的性器官，这是以二者的形态变化为基础，对整个植物界进行分类的尝试。

如此，花之神殿成了"人间天堂"的代名词，那儿是丘比特射出爱情之箭的热带雨林，也是天赐之花恣意盛放的花园。

出自《花之神殿》。上图为播撒花朵的芙罗拉，下图为射出爱情之箭的丘比特。

中世纪的庭园

对野花自然产生的兴趣，为黑暗时代注入光明。

在中世纪的欧洲，人们居住在被层层墙壁包裹的城堡之中。正是这些城墙守护着人们的生命和安全，因此，土地上的所有财富都被用于生产维持生活的必需品。人们在城中种植橄榄树也是出于治疗疾病的目的。自然，城堡内也就没有多余空间来建造仅供观赏的美丽花园。

城堡中仅存的一些让人感到赏心悦目的地方，要么是领主的花园，要么是修道院的药草园。这些地方有中世纪人所喜爱的蔷薇和象征纯洁的百合花，还种植了草药和蔬菜，另外还有主要种植苹果和橘子的果园。遗憾的是，当时人们并没有欣赏野花的习惯。中世纪末期，方济各会的创始人圣方济各写了一首诗，赞美野花的美丽，让人们从此向往大自然的恩惠，这是一个划时代的变革。

中世纪诗人乔叟讲述与蔷薇相关的故事，唤起人们对花花草草的自然关注，也可以说是一个转折点吧。在英国，桂竹香于14世纪传入，香石竹于15世纪传入，向日葵于16世纪传入。而庭园则成了赏花的最佳地点。

15世纪法国城堡的庭园。出自《贝里公爵的豪华时祷书》（ *Les Très Riches Heures du duc de Berry* ）。

从《蔷薇物语》中获得灵感的基斯·亨德森（ Keith Henderson ）的画作（1911年）。

乔叟所译《蔷薇物语》（ *Le Roman de la Rose* ）的插图中所描绘的中世纪庭园之景。

雷普顿的庭园

"小红本"上写下的想法，将自然归还于庭园。

英国景观设计师汉弗莱·雷普顿一举改变了西洋庭园传统的人工景观。无论身处何地，只要雷普顿的脑海中冒出了什么想法，他总会记录在本子上，再制成铜版画，并向大庭园的主人提出建议。他的速写都画在一个红色的本子上，因此雷普顿的庭园设计图集被称为"小红本"。

雷普顿提建议时采用的方法十分有趣，就像小女孩玩的换装娃娃那样，他同时展示出修改前和修改后的庭园样貌，即现代所说的"模拟"。在他的设计中，池塘和河流的元素被大胆引入，也能见到许多中式亭阁。他不喜欢大草坪，更钟情于花坛、喷泉等复杂的景观设计。

虽然他主要负责设计大型庭园，但在打造美丽的花园方面也花费了许多心血。据说，雷普顿之所以从事这项工作，是因为他小时候见到的都是"规则式园林"。在当时的欧洲，人们建造正式花园时会砍掉所有大树，铺上沙子和石头，完全摒弃甚至破坏自然，草坪庭园就属于这种类型。这让雷普顿很心痛，他反对这种做法，并立志开创让自然恢复生机的造园法。

上图为雷普顿改造前的庭园。左图为改造后的，充满焕然一新的感觉。

汉弗莱·雷普顿为庭园设计带来变革，图为其肖像。

由雷普顿设计，最后几乎未被建成的中式风格柑橘暖房（果树避寒室）。

斯威特《花谱》扉页图。图中富有寓意的场景营造了17世纪的氛围。

斯威特的植物园

春风之神仄费罗斯吹来花朵，17世纪的荷兰植物种植园。

艾曼纽尔·斯威特是荷兰著名的园艺家、企业家，他向全欧洲的花卉爱好者出售花卉。为了让自己的生意更加兴隆，斯威特在1612年出版了《花谱》（*Florilegium*）。《花谱》中包含110张插图，采用手工上色，可能是世界上第一本彩色图谱。斯威特还是神圣罗马帝国皇帝鲁道夫二世的园丁，这部精美的画册可能有一半原因是为其制作的。

这些早期的彩色插图被大肆用于法兰克福大市场的花卉销售目录。书中收录了560个品种，郁金香是其中的主打商品，这正中荷兰花卉商的下怀。

书的扉页所描绘的荷兰庭园很可能就是斯威特的植物种植园。左上角的春风之神仄费罗斯正在吹花，表明这个大庭园是专门用来种植花卉的。

幻想庭园

橘树与柏树高低错落，罗伯特·鲁宾逊的幻想庭园。

如果说许多伟大的计划都为人类创造了"天堂"，其中最无可争议的就要数造景了。这是因为，天堂的最初形

德·布赖《花谱》扉页图。

罗伯特·鲁宾
逊描绘的梦幻
几何学庭园。

象便是为鲜花和水果所环绕的庭园。

　　然而，许多"天堂"的建造规模太大，往往空有计划，并不能真正建成。此处提到的这座规模惊人的大庭园设计图景，可以算得上"一座梦幻中的世界名园"。

　　上图所示的这座正式庭园的图景据说是由画家罗伯特·鲁宾逊（Robert Robinson）在1700年左右绘制的。它本身具有些夸张，以柏树为主的景物沿着庭园中央的小径排列，还充满着当时的宗教风格。不难看出，庭园中花卉和水果这些巴洛克、洛可可式庭园最基础的元素一应俱全，甚至还有喷泉。

　　在这个幻想庭园中，尤其引人注目的是沿着中央小径左右两侧栽种的高大柏树，它们象征着"安谧"。

德·布赖的植物园

希腊医神矗立在广袤大地上，其背后有着深刻的寓意。

　　绘制这座美妙的巴洛克式花园的是约翰·西奥多·德·布赖，他与荷兰的斯威特一样是园艺家，同时也从事植物销售。这幅画展示了约翰·施温登（Johan Schwinden）的整个花园，德·布赖则负责这座庭园的栽培和管理工作。这是德·布赖在1641年出版的《花谱》（*Florilegium Renovatum et Auctum*）中的一幅扉页图，其中最让人惊叹的是这座庭园的广阔无边。

　　矗立在庭园中央的两座雕像很难辨认身份，右边手持奇异手杖的雕像可能是阿斯克勒庇俄斯，他是希腊神话中以蛇缠绕的医道守护神。值得注意的是，这座庭园仍然沿用了传统药草花园的形象。

　　不能否认的是，施温登的这所庭园充溢着德·布赖对花卉的热爱。庭园里有修剪整齐的树木、几何学花坛和左右两侧狭长的走廊。

　　这部《花谱》也是手工上色的，共174页，这些植物插图的准确性得到了科学上的认可。

位于兰贝斯的柯蒂斯的伦敦植物园。上图出自詹姆斯·索尔比（James Sowerby）的水彩画。

外围宫殿大特里亚农宫的远眺图。设宴于几何学花坛前，寓意深刻。

凡尔赛宫的庭园

修建于大草坪上的迷人几何学花坛。

凡尔赛宫和它的外围宫殿因建有众多庭园和令人惊叹的绚烂百花而闻名于世。

位于巴黎西南郊的凡尔赛宫是波旁王朝的宫殿，由路易十四建造。凡尔赛宫于1661年动工，之所以建在市郊，是为了远离巴黎糟糕的治安环境。以大理石建造的中庭，外加巴洛克风格的建筑物和庭园，一起构成了这个法国的传奇。

最吸人眼球的是带有花坛的大草坪，后来成为17—18世纪欧洲庭园的基本样式。花坛按几何图形设计，所有树木都由园丁精心修剪。

为了时刻保持这座美妙庭园的整洁，王室雇用了数百名园丁。1664—1680年，有记录显示王室雇用了350名园丁。

沿着左右对称的宫殿的中轴线，能见到安德烈·勒诺特尔（André Le Nôtre）设计的巨大庭园，整个巴黎的绝美景致尽收眼底，因此大大提高了法国的声誉。

外围宫殿大特里亚农宫中也有几何学花坛，路易十四死后，路易十五为蓬帕杜夫人（Madame de Pompadour）建造了小特里亚农宫，之后路易十六为玛丽·安托瓦内特（Marie Antoinette）王后修建了农庄。在农庄里，安托瓦内特享受着乡村女孩般的朴素生活。

日本赤坂离宫（现迎宾馆）就是模仿凡尔赛宫建造的。

柯蒂斯的庭园

由药剂师创办的世界第一本植物杂志和大型植物园。

威廉·柯蒂斯是已知第一本植物学杂志《柯蒂斯植物学杂志》的创始人，该杂志至今仍在发行。他曾从事药剂

贝特曼大温室的内部，拜占庭风格的装潢给人留下了难忘的印象。

师的工作，拥有一个大型药园，也会参与其他药园的设计工作。他在兰贝斯建立大型植物园时，因《塞尔伯恩博物志》（*The Natural History of Selborne*）而出名的吉尔伯特·怀特（Gilbert White）协助了他的工作。

柯蒂斯的目标是设计一座真正的植物园，他提议在著名的切尔西药园中增建岩石花园，用于种植能在岩石堆中生长的植物。1778年，兰贝斯药用植物园更名为"伦敦植物园"，并收到了邱园和切尔西药园捐赠的许多珍稀植物，柯蒂斯将这些植物编写进第一期《柯蒂斯植物学杂志》中，在1787年出版发行。可以说，这座植物园促使他的植物杂志得以延续至今。

贝特曼的大温室

维多利亚时代的建筑物中充满异国情调的热带植物群。

贝特曼大温室位于英国坎伯韦尔丹麦山上的贝特曼（Bateman）的宅邸，吸引了19世纪70年代人们的关注。它是维多利亚时代的代表性建筑，里面种植了许多热带植物。

身为园艺家、著有多部花谱的劳登夫人提出了"封闭式庭园"的概念，基于这一理念，那些优雅、充满异国风情的温室被修建得像宫殿一样，在当时大受欢迎。

大温室中有蜿蜒曲折的小径，以及随处可见的喷泉、金鱼缸和睡莲池。这座北方的封闭庭园在玻璃的笼罩下也摇身一变，化作热带天堂。

在英国从研究本草学转
而研究植物学的菲利
普·米勒的肖像画。

乌普萨拉大学的旧花园
内林奈的居所。

菲利普·米勒的花园

对分类学研究的热情弥散在切尔西药园中。

菲利普·米勒管理着英国著名的切尔西药用植物园，他还出版了《园丁词典》（*The Gardeners Dictionary*，1724年），这本书成为英国园艺大热潮的灵感源泉。米勒最初完全是为了研究本草学而打理庭园的，到40岁时，他被林奈的植物学深深吸引，并立志将植物学作为一门纯粹的学科来研究。植物世界的多样性令人眼花缭乱，这让米勒尤为兴奋。为此，他十分热衷于使用林奈的二项式命名系统对自己所研究的植物进行分类。之后，他以前著中提到的植物为主题，将林奈描述的所有属以图解的形式出版成册，也就是后来的《美丽实用珍奇植物图鉴》（*Illustration of the Sexual System of Linnaeus*，1771年）。

切尔西庭园就是米勒进行研究和写生的对象，它是邱园建成以前英国最重要的植物园。

乌普萨拉的旧花园与林奈的家

一位大学教授对植物学的贡献和他的困境。

将近代植物学转化为面向大众的科学，瑞典人卡尔·冯·林奈是当仁不让的第一功臣。乌普萨拉大学里有一座古老的植物园，林奈在此居住和从事研究。就是在这座植物园中，林奈根据花的形态建立了植物分类学。林奈的故居至今仍在，园内还保留了一个果园。林奈不仅喜欢外来植物，还喜欢将附近采集的野花移植到这个花园里。不过，自从他当上乌普萨拉大学的教授后，便无法随意离

《克利福德花园》扉页图。图中的太阳神阿波罗长着一副林奈年轻时的面庞，头戴月桂花环、脚踩寓意大地的巨龙，体现了林奈在植物学中的地位。

开大学，也就不能外出采集他喜爱的植物了。

林奈居住的乌普萨拉大学的花园是由老教授奥洛夫·鲁德贝克于1657年建造的，在林奈重建之前几乎被废弃。

克利福德的花园

林奈曾经的工作地，阿姆斯特丹第一座私人植物园。

林奈牛转时，英富荷兰人乔治·克利福德拥有世界上最壮观的果园。克利福德是荷兰东印度公司的董事之一，当时他的园子里种植着香蕉等无数珍奇植物。

1735年，林奈参观了位于荷兰哈勒姆的克利福德花园，他立刻被这座"大植物园"深深吸引。园主克利福德便请这位年轻的植物学家为自己栽培的植物编制一份目录图谱。林奈欣喜若狂，他埋头于这些数不清的珍稀植物中，倾注心血编制目录，为的是让世人了解他的植物分类学。

在1737年出版的《克利福德花园》(*Hortus Cliffortianus*)一书中，精美的扉页图展示了这座花园的景致。

值得一提的是，这幅扉页图还包含了许多寓意。掌管大地丰收的女神克瑞斯抱着鲜花坐在中央，太阳神阿波罗揭开了她的面纱。毋庸置疑，这寓意着阳光让大地上的谷物发芽。右侧是代表非洲、阿拉伯（亚洲）和美洲的原住民，这说明世界各地的植物都聚集于此。女神所坐的狮子是大地之力的象征，阿波罗脚下死去的龙则象征着洪水等自然灾害。

"它看上去就像一座由空气精灵、
妖精、魔神和地精共同建造的梦幻
建筑"，克拉克画于1933年。

宫殿前的十二生肖
铜像构成了"水力
钟"，会按照时辰
依次轮流喷水。

阿恩海姆乐园

爱伦·坡在幻想中打造的充满人工美的花园。

19世纪美国最伟大的象征主义诗人埃德加·爱伦·坡在《阿恩海姆乐园》（*The Domain of Arnheim*，1847年）中描绘了他梦想中的"花园"。

书的开头引用了贾尔斯·弗莱彻（Giles Fletcher）的诗歌："如同一个沉浸在喜悦中的女人，对着遥远的高空闭上眼睛，一个花园就这样诞生了。"不难看出，这是一个唯有在幻境中才能创造出来的理想乐园。

继承了巨额财产的主人公埃利森被自己身为诗人的热情所驱动，他思索着在"风景布置"中实现自然里可能存在的至美之境。换句话说，他决心创造一个真正的乐园，它绝非对自然的再现，而是人为地创造和添加现实中并不存在的美。

就是这样一座"阿恩海姆乐园"，"它看上去就像一座由空气精灵、妖精、魔神和地精共同建造的梦幻建筑"。

圆明园

洛可可风格与中国山水相结合，世外桃源般的大庭园。

圆明园是位于中国北京的离宫建筑。它占地约350公顷，以清朝规模最大的园林著称。

1709年，康熙皇帝将一座园林赐给儿子胤禛（后来的雍正皇帝）。圆明园就始建于此，之后又扩建了长春园和万春园。圆明园为三座园林的总称，大体于乾隆年间完工。

圆明园的特色在于它的建造得到了当时西来传教士的帮助，并彻底按照西方洛可可风格进行了装饰。伽斯底

江户市民围坐在名花与野草中纳凉。桥口五叶对喜多川歌麿所作浮世绘的摹写。

里奥内（郎世宁）、伯努瓦（蒋友仁）、阿蒂雷（王致诚）等人都参与了设计，他们建造了巨大的喷泉，并将其与中国山水相结合，一个世外桃源般的园林就此诞生。

后人曾描述这座园林令人惊叹的构图——在长春园的一侧矗立着一座让人联想到西方宫殿的建筑，从宫殿延伸出一条小路，其尽头是一个建有十二生肖铜像的喷水池。美轮美奂，堪称杰作。圆明园在1900年被八国联军摧毁。

百花园

江户的町人文化在此结出硕果，文人墨客之园。

在江户时代，像龟户的"梅屋敷"这样拥有花园，且花园中种植梅树和樱花树的"屋敷"（宅邸）随处可见。其中，向岛的百花园是目前东京都内仅存下来的花园。

以古董生意发家的佐原鞠坞（北野屋平兵卫）在向岛

寺岛村购置了一块占地1万公顷的土地。关于这块地，他有个一举两得的想法：一是打造供文人雅士举行茶会和清谈的场所；二是移植梅树，生产梅干。大田南亩、酒井抱一、村田春海、加藤千荫等当时与佐原交好的名人向其捐赠了360多棵梅树。佐原还在野外种植了世界各地的名花和野草，生机盎然，极富野趣。

为文人墨客们准备的风雅之物也一应俱全。例如，抱一设计的田舍风格茶室、南亩设计的"花屋敷"（种满花的花园）上的匾额，以及千荫在吊灯上题写的"欢迎您来品酒，还有梅干等着您"。人们在这里可以品尝自制梅干、煎茶、吟咏诗歌、制作乐烧（隅田川陶器）。与一般的豪华庭园不同，它是为文人雅士量身打造的作乐之地。这是文化元年（1804年），也就是江户时代末期的事。

佐原当初的设想获得了巨大成功，有别于龟户的梅屋敷，这座庭园以"新梅屋敷"和"花屋敷"之名迅速走红于大街小巷，明治时期，这座花园四季花开，绚烂多彩，因此被称为"百花园"，并一直沿用至今。

1738年，林奈终于实现了他心心念念的巴黎植物园之行。50年后，林奈的胸像建在一片杉树之下。

桑德的"兰花房"，园艺家尝试将兰花悬吊在天花板上。图出自《园艺家新报》（1872年）。

桑德的温室

由英国爱好者打造，兰花热潮中的"兰花房"。

19世纪下半叶可以说是全世界园艺爱好者为兰花而痴狂的时代。英国植物学家约翰·林德里是这股"兰花热"的发起人之一，他将南美洲传入的卡特兰制成图谱后介绍给西方，随之而来的"兰花热"一时间像旋风般席卷了整个西方，与曾经的郁金香热潮相比有过之而无不及。

与兰花相关的论文和图谱铺天而来，桑德等爱好者则建造了温室来栽培附生兰。这座位于萨里郡的"兰花花房"也是19世纪70年代典型的玻璃温室。有趣的是，当时同样流行的蕨类植物也与兰花一起种植。

没过多久，桑德和其他园艺家开始在这些温室中对兰花进行杂交育种，并培育出比原种更出色的品种。

巴黎植物园

布丰、拉马克的工作地，分类学研究的国际中心。

巴黎植物园是法国引以为傲的植物研究大花园。然而，它不仅是一座植物园，还是造就了《自然史》（Buffon's Natural History）的博物学大殿堂——《自然史》的内容涉及动物学、矿物学和比较解剖学。

《植物目录》是一本极其优秀的早期铜版多色印刷图谱，图示为其扉页图。

1616年，法国国王路易十三的御医布罗斯（Brosses）提议修建巴黎皇家植物园，并获得批准。植物园于1640年开放，布罗斯成为第一任园长，并将其用作药草园。后来，图尔内福特、朱西厄等著名植物学家相继担任这座植物园的园长，但真正令巴黎皇家植物园声名鹊起的却是被誉为现代植物学奠基人、《自然史》的作者布丰。

布丰从1739世起物半个世纪一直担任园长，培育了许多作为法国殖民政策的副产品而引入的珍奇植物。据说他尤其致力于培育变种和杂交品种。法国大革命后，随着君主制的废除，这座植物园也更名为"巴黎植物园"。

法国大革命后，巴黎植物园成为分类学研究的国际中心，并出现许多有影响力的教授，如提出进化论的拉马克和名震19世纪上半叶的博物学家乔治·居维叶（Georges Cuvier）。另外，这里还收藏了无数的自然历史插图。

伦敦园艺家协会的庭园

发行英国第一部原色植物图谱，伟大计划的根据地。

从18世纪初开始，英国出现了一些园艺家俱乐部，旨在让会员相互交流从世界各地引进的珍稀植物，同时致力于推动园艺知识的启蒙。

其中第一个成立的俱乐部是在伦敦的园艺家协会，该协会的主要成员包括切尔西药园的管理者菲利普·米勒。

该协会还实施了一项更为雄心勃勃的计划——将新引进的植物全部制成彩色插图并介绍给大众。1780年，他们出版了英国第一部彩色铜版画原色植物图谱《植物目录》。其扉页图中的几何学花坛虽是法式风格，但依旧能看出当时人们栽种蔷薇、郁金香和水果的热情。

《植物花卉》的铜版画。在这幅图中，植物按照开花季节的顺序被划分，并对花朵颜色进行了详细介绍。这很可能是出于手工上色的原因。

封闭花园中的神秘仪式，出自克拉克所画的《秘密花园》。

秘密花园

一座孩子们共享的、充满魔力的封闭花园。

《秘密花园》（*The Secret Garden*）是美国女作家弗朗西丝·霍奇森·伯内特（1849—1924年）所著的长篇小说，这部作品与她的《小爵爷》（*Little Lord Fauntleroy*）一样家喻户晓，被无数人传阅。

书中主角玛丽的父母与乳母相继去世，她被从印度送往英国约克郡克莱文姑父的庄园生活。宽敞的庄园里只有一个花园上了锁，它属于已故的克莱文太太，有一天她从玫瑰树的枝干上意外跌落并去世了，伤心的姑父从此将花园锁起来变成了一座"禁闭花园"。

玛丽在知更鸟的指引下进入花园，并将其命名为"秘密花园"，这里成了她最爱的游乐场。很快，玛丽、受丧母之痛的打击而不会走路的男孩柯林，以及他们的玩伴迪肯，三人共享着这个只属于孩子们的神奇花园。当自称不会走路的柯林开始迈步回家时，孩子们终于相信这座花园具有神奇的魔力……

在这座美丽的花园中，玫瑰藤蔓与许多树木交织在一起，仿佛一条条花彩带，这不免让人联想到浪漫主义下的"封闭花园"。它曾是一座被废弃的荒地，每一处都保留着最原始、最自然的痕迹。难怪孩子们会感受到它的"魔力"，因为这里蕴藏着大自然的奇丽与野性。

帕斯的庭园

郁金香与香石竹，17世纪的荷兰庭园美学。

文艺复兴之后，似乎大部分庭园都经历过从药草园到植物园的转变，其中最著名的庭园集中在荷兰。

1614年，小克里斯平·范·德·帕斯出版的《植物花卉》（*Hortus Floridus*）就描述了荷兰的花园——照管花园的贵妇人正向一株郁金香伸手。这种美丽的球根植物在

《艾希施泰特的花园》扉页图。在这本书中，花朵按开花顺序及实物大小排序。

17世纪初偶然传入荷兰，使得当地的花园一举变为奢华绚烂的梦幻世界。值得一提的是，帕斯的《植物花卉》被誉为园艺图谱的先驱。

彼时，多顿斯与克卢修斯已经完善了本草学，世界各地的美丽花朵也越来越被人们所熟知。在这样的背景下，帕斯在《植物花卉》中亲手绘制了163幅铜版画，让人们对当时种植的各种花卉有了更进一步的了解。球根植物在当时很受欢迎，除了新传入的郁金香外，书中还描绘了各种番红花。

同样引人注目的还有充满生机的香石竹。有趣的是，当时的人们已经考虑到四季的变化，他们按季节种植不同的化，以迎合四季之景。

艾希施泰特的花园

曾经开满珍奇的外来植物，主教花园的兴衰。

在这个故事里，向日葵和蜀葵被带到欧洲，人们为了观赏它们酝酿建造了一座花园。现在我们看到向日葵，总

觉得它一开始就是野生植物，然而为了弄到第一株向日葵，人们当初可是费了九牛二虎之力。

德国南部艾希施泰特（Eichstätt）的主教府邸就有这样一座花园，其中栽种了许多外来植物。主教酷爱花卉，委托药剂师巴西利厄斯·贝斯莱尔管理这个大花园。贝斯莱尔还精心绘制了园中奇花异草的图谱。

然而，主教去世后没多久，这座曾经开满向日葵的大花园很快就被人遗忘了。后来欧洲又爆发了"三十年战争"，这座花园转眼间化作废墟。如今，只有贝斯莱尔绘制的图谱《艾希施泰特的花园》（*Hortus Eystettensis*，1613年）还能让人们想起它。

如果艾希施泰特花园得以重建，向日葵在那里再次生长，那么我们不难想象，不了解过去历史的人们会把它误认为一座天然的野生花园。

其他国家的情况与艾希施泰特相同。外来植物有的消失了，有的在世界各地生根发芽。

维多利亚时代伦敦的孩子们。比起世博会的会场，他们更惊叹于正在建造的宏伟水晶宫。

彭布罗克的温室是建于玻璃之下最后的热带幻想。

伦敦世博会·水晶宫

让全世界瞠目结舌的巨型玻璃展馆。

1851年的伦敦世博会是一次意义重大的国际性博览活动，即使它的实际举办目的是扩大殖民地产品的销售渠道，但时至今日，它的影响仍在。

海德公园中生长着枝繁叶茂的巨大榆树，非常适合用来打造一座温室。设计师帕克斯顿是一位著名的园艺家，他以玻璃和钢结构打造的水晶宫成为未来新建筑的典范。

水晶宫是一座温室建筑，采用标准化预制构件的方法打造，长约560米，宽约120米，高约30米。如果没有运用这项先进的建筑技术，如此巨大又不使用木材的建筑是不可能建成的。专家们认为，作为温室建筑，水晶宫逊色于邱园的棕榈温室，但这并不影响它以其巨大规模吸引无数游客的目光。

起初，帕克斯顿并没有参与展馆设计的竞争。然而，候选作品中呼声最高的是一个砖砌展馆，且一年内无法建成。这给了帕克斯顿机会，他在几天内就完成了设计稿，并提出能在预定时间内建造一个大型展馆。委员会就这样把命运押在一个既非建筑师，也非设计师的园艺家身上。最终，帕克斯顿采用前面提到的预制构件法完成了展馆的建造，这也是温室对普通建筑产生影响的首例。

彭布罗克的温室

大富豪建造的热带植物殿堂，一座会发光的大型建筑。

这是美国长岛的大富豪德拉马建于彭布罗克的热带植物温室。该温室不仅用来栽培植物，还是一个优雅的娱乐场所，从游泳池到博物馆一应俱全。

无论印象派还是朴素派，打
动所有法国画家的是温室中
那热带大自然的天堂气质。

德拉马一直热衷于种植珍奇热带植物，为了将这项爱
好发挥到极致，他计划建造一座与大豪宅同等大小的温
室。这座温室由亨利·吉尔伯特（Henry Gilbert）设计。
吉尔伯特在19世纪末以设计法式风格的建筑而声名鹊起，
他将整个温室设计成富丽堂皇的法国宫殿一般，并于1913
年完成了最初的整体规划。随后，这座建筑不断被升级，
它的外观变得更像是一个纪念堂，而内部则宛如梦幻的
剧院。

温室里种植了10米高的椰树，还安装了电灯，温室
本身也配备了照明装置，整个温室通体明亮。不得不说，
如此奢华的温室是亘古未有的。

温室于1918年竣工，然而其主人德拉马仅享受了
几个月便去世了。他留下的这座世界最豪华的大温室于
1968年被拆除。

法国印象派大师爱德华·马奈（Édouard Manet，
1832—1883年）有许多以睡莲和蔷薇等植物为主题的作
品。然而，这幅名为《在温室里》的画作却格外引人注
目，它向我们诉说着19世纪末在法国兴起的热带植物和
温室热潮。

一位优雅的女士坐在被热带树木环绕的温室长椅上，
她正与一位貌似植物学家的绅士聊天。至于聊天的话题，
想必是从世界各地引进的奇妙植物的生命中。

在那个年代，女士们出于"纯粹"的好奇心经常光顾
动物园和植物园。她们看着那些美丽、可爱的事物，眼神
中满是对大自然的奇妙和多样性的赞叹。

学名索引

相关人名索引

易站的一名医生，其后6年间一直致力于研究日本自然与文化。植物学方面，他回国后编写的《日本植物志》（Flora Japonica）首次向欧洲介绍了许多日本植物，其中包括绣球花，该花的种加词源于他情人的名字阿泷。→24

16 阿德尔贝特·冯·沙米索（Adelbert von Chamisso，1781—1838年）

法裔德国作家、植物学家。出生于法国大革命时期流亡的法国贵族家庭，著有《彼得·施莱米尔的神奇故事》，讲述了一个出卖影子的人的故事。他参加了科策布率领的环球自然探险队，在北美发现花菱草。归国后曾任柏林植物园园长。→87

17 安托万·德·朱西厄（Antoine de Jessieu，1686—1758年）

法国植物学家。18世纪登顶法国植物学界，朱西厄家族的一员。继图尔内福特之后成为巴黎植物园园长。→25,104,143

18 约瑟芬（Josephine，1763—1814年）

拿破仑一世的第一任妻子。生于法属西印度群岛的马提尼克岛。与拿破仑离婚后，因在马尔梅松城堡种植大丽花、蔷薇等花而闻名。→68,154

19 艾曼纽尔·斯威特（Emanuel Sweerts，生卒年不详）

荷兰园艺家。活跃于17世纪初期，负责管理鲁道夫二世的花园。在鲁道夫的支持下出版《花谱》（1612年），书中收录了手工上色的美丽插图。平贺源内称这本书为《红毛花谱》，对其爱不释手。→134,135

20 文森特·塞万提斯（Vicente Cervantes，生卒年不详）

西班牙植物学家、探险家。18世纪末受西班牙国王卡洛斯三世之命前往墨西哥进行自然探险，发现了秋英、百日菊等植物。→52,97

21 罗伯特·约翰·桑顿（Robert John Thornton，1768？—1837年）

英国博物学出版家。生于伦敦，爷爷是药剂师，父亲是作家。毕业于剑桥大学医学系，出版了被誉为史上最美的植物画集《花之神殿》。→11,62,103,131,155,156,157

22 高木春山（？—1852年）

江户时代末期幕府武士、博物学家。虽然是幕府武士，但他的亲戚是富商，与萨摩藩也关系亲密。岛津家在目黑赐给他一座药用植物园，他就在此埋头研究博物学。人们认为他也参加了业余博物学家的研究会"赭鞭会"。未出版的巨著《本草图说》（全195卷）堪称江户时代博物学图谱的巅峰著作之一。→156

23 卡尔·彼得·通贝里（Carl Peter Tunberg，1743—1828年）

瑞典医生、植物学家、探险家。曾就读于乌普萨拉大学，师从植物分类学之父卡尔·林奈。在南非探险时发现了山牵牛等植物，之后作为医生赴日本出岛，回国后成为乌普萨拉大学学长。主要著作为《日本植物志》（Flora Japonica，1784年），首次根据林奈双名法向欧洲介绍了日本的植物。→33,44,62,76,118

24 迪奥斯科里德（Dioscorides，生卒年不详）

活跃于公元1世纪的罗马时代的医生，古代药理学的集大成者。曾在尼禄皇帝治下担任军医，周游列国时见识了许多药物。他汇编有5卷《药理》（De materia medica），对包括600种植物在内的827种药物进行了分类，在之后的1000多年里一直被奉为经典。现存于维也纳的《药理》手抄本是在512年左右拜占庭时期编纂而成的，也是世上现存的最古老的植物图谱。→33,42,47

25 泰奥弗拉斯特（Theophrastus，约公元前371—前288年）

古希腊哲学家、植物学家。亚里士多德的学生，后接替亚里士多德领导吕克昂学园。著作涉及多个领域，在植物学方面著有9卷本《植物志》（Historia Plantarum）及6卷本《植物成因论》（De Causis Plantarum），都是世界上现存最古老的植物学著作，其中许多植物名至今仍被用作学名。→48,57,59,65,80

26 约瑟夫·图尔内福特（Joseph Tournefort，1656—1708年）

法国植物学家，曾任巴黎植物园园长。提倡人为分类和"属"的概念，是林奈的先驱。→143

27 兰贝尔·多顿斯（Rembert Dodoens，1517—1585年）

出生于佛兰德的梅赫伦，曾在鲁昂大学学习医学。他在1554年写下《本草书》，对日本兰学家产生深远影响。之后成为鲁道夫二世的御医，鲁道夫二世是神圣罗马帝国皇帝马克西米利安二世的继承人，也是一名博物学爱好者。后来，多顿斯成为荷兰莱顿大学的医学部教授，并在莱顿逝世。→145,151

28 约翰·西奥多·德·布赖（Johann Theodor de Bry，1561—1623年）

出生于现比利时鲁昂的园艺家、版画家、出版人。于1641年出版《花谱》，其中描绘了约翰·施温登大庭园的全貌。→135

29 老约翰·特拉德斯坎特（John Tradescant the Elder，1570—1638年）

英国园艺家。在1611年成为索尔兹伯里勋爵花园里的园丁，之后又成为查理一世的皇家园丁。他曾去往俄罗斯探险，并将儿子（小约翰·特拉德斯坎特，1608—1662年）派往美国。→113,127

30 约翰·帕金森（John Parkinson，1567—1650年）

英国园艺家，詹姆斯一世的顾问药剂师。著有英国第一本真正意义上的园艺书《园艺大要》（Park-in-Sun's Terrestrial Paradise）。伊丽莎白时代各行业领域欣欣向荣，园艺也风靡一时，连杰拉尔德的著作也被认为已经落伍。帕金森的书便在众所期望之下诞生，书名"park-in-sun"正好与其姓重合。→4,35,58

31　约瑟夫·帕克斯顿（Joseph Paxton，1801—1865年）

英国园艺家、建筑家。因于1836—1840年为德文郡公爵设计温室而声名大噪。最初是工人，算是半路出家的建筑家。他排除万难，用设计温室的方法设计了第1届伦敦万国博览会展馆。著有《英国园艺事典》（1868年）。→146,156

32　马场大助（1785—1868年）

生于江户城，旗本马场利光的次子。他是江户业余博物学家研究会"赭鞭会"的核心成员之一，在芝增上寺西里的自家庭园里种植了许多西洋舶来植物，并对其进行观察和写生。与岩崎灌园也有来往，曾在西博尔德拜访江户时一同前往会面。著有《远西舶上画谱》《群英类聚图谱》等。→156

33　约瑟夫·班克斯（Joseph Banks，1743—1820年）

英国博物学家。从牛津大学毕业后，立志研究植物学，参加了库克船长的第一次环球航海旅行。之后，年纪轻轻的他成为英国皇家学会会长，在这个位置上一坐就是41年。他还成立了林奈学会以振兴植物学，也曾担任邱园的园长，并将邱园打造成一个大型的殖民地植物研究中心。→11,49,51,56,62,66,130,153

34　威廉·杰克逊·胡克（William Jackson Hooker，1785—1865年）

英国园艺家、植物学家。英格兰地主家的儿子，受叔父的影响立志研究博物学。曾游历爱尔兰和苏格兰，采集珍稀植物，并建立私家植物园。1820年在约瑟夫·班克斯的举荐下成为格拉斯哥大学生物学教授，开始积极地收集世界各地的植物。1841年，他担任邱园园长，携植物园和《柯蒂斯植物学杂志》一同进入黄金时代。→130

35　约瑟夫·道尔顿·胡克（Joseph Dalton Hooker，1817—1911年）

生于英国，威廉·杰克逊·胡克的次子。毕业于父亲曾就读过的格拉斯哥大学医学系，在父亲的耳濡目染下对探险调查充满兴趣。1839年，作为船医踏上历时5年的南极探险之旅，回国后发表了关于南极植物的报告。之后，道尔顿前往喜马拉雅山，还去了东印度的锡金考察，为欧洲带去许多石南类植物。父亲去世后，成为邱园的新任园长。→56,130

36　盖乌斯·普林尼·塞孔都斯（老普林尼）（Gaius Plinius Secundus，约23—79年）

古罗马时代博物学家。学贯古今中西，公元77年时完成全37卷巨著《博物志》（*Naturalis historia*）。→9,36,45,53,96,121,126

37　巴西利厄斯·贝斯莱尔（Basilius Besler，1561—1629年）

德国药剂师、园艺家。他受命管理艾希施泰特主教的庭园。该庭园位于德国南部，种植大量外来植物。他倾注心血为庭园中的珍奇植物编撰了图谱，即《艾希施泰特的花园》。之后，这座花园在三十年战争中化为灰烬。→145,157

38　詹姆斯·培迪弗（James Petiver，生卒年不详）

英国植物学家。自己并没有外出旅行，而是从许多旅行家手中收集他们的采集品，其中包括最早传入欧洲的山茶花种子，以及卡梅尔神父寄来的吕宋岛植物。→75

39　詹姆斯·鲍伊（James Bowie，1789—1869年）

英国植物探险家。他是邱园园长约瑟夫·班克斯派出的植物猎人之一，在南非发现了君子兰。→49

40　弗朗西斯·马森（Francis Masson，1741—1805年）

英国植物采集家。他是邱园园长约瑟夫·班克斯正式任命的第一位植物收集家，也是第一个将南非的珍奇花卉鹤望兰带到英国的人。→11,62,66

41　菲利普·米勒（Philip Miller，1691—1771年）

英国园艺家。最初与同为园艺家的父亲一起工作，后被大英博物馆之父汉斯·斯隆发掘，成为切尔西植物园的管理者。于1724年出版《园丁词典》（*The Gardeners Dictionary*），这本书后来成为英国园艺热潮的灵感来源。→138,143

42　玛丽亚·西比拉·梅里安（Maria Sibylla Merian，1647—1717年）

出生于美因河畔法兰克福，是著名铜版画师马特乌斯·梅里安的女儿。年少时，她读到了世界上第一本描述昆虫变态过程的手工彩绘图谱，这激发她成为一名狂热的昆虫观察员。离婚后移居荷兰，加入当地的博物学社团，并对南美洲的昆虫着了迷。1699年，她带着两个女儿移居苏里南生活。1705年回国后，玛丽亚出版了《苏里南昆虫变态图谱》（*Metamorphosis insectorum Surinamensium*），书中全面记载了她的观察结果。→157

43　约翰·林德里（John Lindley，1799—1865年）

英国植物学家、园艺家。继承父亲衣钵，立志研究植物学。年轻时曾在比利时游学，之后在伦敦园艺家协会当助手，1829年起担任伦敦大学的植物学教授。他继承父亲研究兰花的事业，为维多利亚时代的"兰花热"创造了契机。→123,142

44　卡尔·冯·林奈（Carl von Linné，拉丁名Carolus Linnaeus，1707—1778年）

瑞典植物学家。在乌普萨拉大学接受鲁德贝克的教导后，前往拉普兰进行植物采集。之后，他又前往荷兰、英国和法国游学。回国后，他接替导师成为母校的植物学教授。提出以花的形状为基础的人工分类系统及生物名称的二项式命名法，是现代生物学的奠基人。→14,32,44,50,60,66,74,75,76,120,127,131,138,139,154

45　皮埃尔-约瑟夫·雷杜德（Pierre-Joseph Redouté，1759—1840年）

出生于比利时法语区，是位画家的儿子，23岁时前往巴黎，一边做舞台布景的帮工一边绘制花卉。后来，受到赏识的他成为玛丽·安托瓦内特博物室的一名画家。法国大革命后，他于1793年成为法国国家自然历史博物馆的画师，到了拿破仑时代又成为约瑟芬王妃的画师。他是有史以来最著名的植物画家。→*36,66*

46　奥洛夫·鲁德贝克（Olof Rudbeck，1630—1702年）

瑞典植物学家，乌普萨拉大学植物学教授。他开设了乌普萨拉大学植物园，因是林奈的恩师而出名。→*127,139*

47　汉弗莱·雷普顿（Humphry Repton，1752—1818年）

英国造园家、景观设计师。在荷兰度过青年时代，回国后一度经商，以失败而告终。之后他决定成为园艺师，开始了学徒修业。他提出了与法式庭园的人工造景法截然不同的思路，在保留自然之美的基础上加以改造，创立了别具一格的英式庭园造景艺术。→*133*

48　乔治·伦敦（George London，1640—1713年）

英国园艺家，威廉三世和玛丽女王的花园顾问。出身贫寒，他先是做了园丁，后又成为查理二世的园丁的助手。随后，他前往当时的园艺中心法国和荷兰莱顿进修。光荣革命后，他受命管理汉普顿宫花园，在那里培育了许多新引进的植物，如君子兰等。→*20*

图片出处索引

1 《本草图谱》，岩崎常正，1830—1844年

江户时代的代表性植物图谱。按照《本草纲目》分类，书中均为植物的彩绘图。现藏于东京静嘉堂文库。根据作者原稿复写的30份手抄本被预配分发。→*91,100*

2 《高山植物》（*Alpine Plants figures and descriptions of the most striking and beautiful of the Alpine Flowers*），大卫·伍斯特（David Wooster），卷8，伦敦，1872年

一部时髦的高山植物志，有精美的彩色木刻版画插图。→*39,48,55*

3 《爱德华植物名录》（*Edwards Botanical Register*），西德纳姆·爱德华（Sydenham Edwards），卷8，伦敦，1815—1847年

英国的代表性园艺书。多达33卷，包含2719张插图，数量上仅次于《柯蒂斯植物学杂志》。制作者爱德华也是《柯蒂斯植物学杂志》的画师。→*87*

4 《仙八色鸫研究》（*A Monograph of the Pittidae,or family of Ant Thrushes*），丹尼尔·吉劳德·艾略特（Daniel Giraud Elliot），对开本，纽约，1863年

一本精美的书籍。书中插图影印自美国鸟类研究家的原图，鸟与花互为映衬，充满异国情调。许多人都渴望收藏这部图谱，现在已是稀本，很难买到。→*84,125*

5 《百合图谱》（*A Monograph of the Genus Lilium*），亨利·约翰·埃尔维斯（Henry John Elwes），伦敦，1877—1880年

埃尔维斯于1877—1880年出版了图谱的主体部分，前7卷增补部分于1933—1940年出版，其余的8、9两卷增补部分于1960—1962年出版。埃尔维斯是植物收藏家、园艺家和探险家，在喜马拉雅山旅行时第一次对百合产生了兴趣。该书首次出版时，几乎收录了当时人们栽培的所有百合品种。前48页手绘彩色石版画出自沃尔特·菲奇之手。→*118*

6 《自然图志》（*Symbolae Physicae Icones et Descriptiones Plantarum cotyledonearum quae ec itinere per Africam borealem et Asiam Occidentalem*），克里斯汀·戈特弗里德·埃伦伯格（Christian Gottfried Ehrenberg），对开本，巴黎，1828—1900年

彩色石版画由19世纪后半叶实力首屈一指的画师塞弗莱因斯绘制。→*54*

7 《柯蒂斯植物学杂志》（*Curtis's Botanical Magazine*），威廉·柯蒂斯（William Curtis），卷8，伦敦，1787年至今

1787年创刊，1984年至1994年更名为《邱园杂志》，1995年又恢复原名《柯蒂斯植物学杂志》。至今仍在发行，是一本重要的园艺杂志。其中提供的高质量彩色插图，是像本书这样的科普书不可或缺的信息来源。→*23,26,46,65,71,76,77,89,119,127*

8 《蜂鸟科鸟类图鉴》（*A Monograph of the Trochilidae,or Family of Humming-birds*），约翰·古尔德（John Gould），对开本，伦敦，1849—1861年

这是有"鸟人"之称的古尔德倾注了最多心血的杰作。为了再现散发金属光泽的蜂鸟之美，古尔德特意在石版画上贴上金箔，此外还描绘了许多南美洲的热带花卉，美不胜收。→*29*

9 《法国植物》（*Plantes de la France décrites et Peintes d'après nature*，共10卷），若姆·圣伊莱尔（Jaume Saint-Hilaire），巴黎，卷8，1805—1809年

欧洲植物图谱的经典之作，包含1000幅精美的小尺寸彩色铜版画。所有插图均由圣伊莱尔亲手绘制，既雅致又不失活力，文字介绍也很详尽。→*18,21,23,27,30,33,37,42,43,55,59,61,68,70,72,82,83,90,101,113,115,120*

10 《药用植物事典》（*Flore Médicale*），弗朗索瓦-皮埃尔·肖默东（François-Pierre Chaumeton）、让·路易·马里·普瓦雷（Jean Louis Marie Poiret）、让-巴蒂斯特·蒂尔巴斯·德·尚伯雷（Jean-Baptiste Tyrbas de Chamberet）编，让·弗朗索瓦·蒂尔潘（Jean François Turpin）绘制插图，巴黎，1833—1835年

初版于1814—1820年发行，之后又发行了多个其他版本。初版有349幅插图，后来版本的插图数量有所增加，有些版本包含600幅插图。这些插图由19世纪初与雷杜德齐名的著名植物画画师蒂尔潘绘制。这部精美的小书被誉为必须人手一本的珍藏品。→*38,64,72,95,121*

11 《小不老草名寄》，关根云停，1折本装订，天保三年（1832年）

关根云停因绘制《草木锦叶集》（文政十二年）而出名，该书被认为是日本本土园艺植物图谱中介绍斑叶植物的佼佼者。他还为水野逸斋所作的《写生小不老草奇品寄》和《小不老草名寄七五三》（7折本装订，天保三年）绘制了插图。关根云停堪称画万年青的专家，《小不老草名寄》中就收录了30种万年青的精美绘图。→*34*

12 《花之神殿》（*Temple of Flora or Garden of the Botanist*），罗伯特·约翰·桑顿（R.J.Thornton），伦敦，1812年

桑顿赫赫有名的《林奈植物性别系统画册》（1799—1907年）的再版，32幅插图运用了铜版画中所有可运用的技法，每幅插图都精美绝伦，插画背景也极具浪漫情调。→*35,86,93,94*

13 《本草图说》，高木春山

　　江户时代末期的恢宏巨著，共 195 卷，题材以植物和鱼类为主，其中植物部分占了全书的一半。书中许多插图都是从其他书籍抄录的，但依然不影响它是一部极其优秀的博物图谱。原稿现藏于爱知县西尾市立图书馆岩瀬文库。→40,53,75,81,107

14 《中国昆虫自然史》(*An epitome of the natural history of the insects of China*)，爱德华·多诺万 (Edward Donovan)，伦敦，1798 年

　　多诺万的博物图谱被认为是英国最美的图谱之一。他的昆虫图谱中一定会提及寄主植物（其中有些并不正确），因此它们在某种意义上也可以被视为花卉图谱。这是他最出色的一本图谱，堪称杰作。→51

15 《献给园艺家、园艺爱好者和工业家的植物志》(*Flore des jardiniers, amateurs et manufacturiers: d'après les dessins de Bessa extraits de l'herbier de l'amateur*)，皮埃尔·奥古斯特·约瑟夫·德拉皮兹 (Pierre Auguste Joseph Drapiez)，巴黎，1836 年

　　初版发行于 1829—1835 年，共收录 600 幅手工上色的插图，原图由潘克拉斯·贝萨创作。这本书描绘了许多惹人喜爱的温室植物，在当时很有名。→20,21,27,28,31,32,36,43,49,54,60,66,67,70,71,73,74,80,103,106,112,113,114

16 《万有博物学事典》(*Dictionnaire Universel d'Histoire Naturelle*)，阿尔希德·德·奥比格尼 (Alcide d'Orbigny)，巴黎，1837 年

　　由 16 卷文本、6 卷图谱组成的综合性自然志辞典，参与编写的作者和画师都是当时最专业的人员。→13,36,47,62,68

17 《契华百花》，长谷川契华，明治二十六年（1893 年）

　　由居住在京都的画家长谷川契华编撰的菊图谱，以多色木版画再现了 100 种菊花的风貌。雕刻师为西村金一，拓印师为山崎安太郎。→41

18 《帕克斯顿植物杂志》(*Paxton's Magazine of Botany & Register of Flowering Plants*)，约瑟夫·帕克斯顿 (Joseph Paxton)，伦敦，1834—1849 年

　　园艺家帕克斯顿的园艺书，帕克斯顿曾设计伦敦世博会的水晶宫。共 16 卷、729 幅插图。手工上色的石版画看着甚至比真花更迷人。→45,73,74

19 《远西舶上画谱》，马场大助，制作年代不详

　　据说高官马场利光与木曾义仲有亲戚关系，其次子马场大助自幼热爱博物学，后来成为江户业余博物学家研究会"赭鞭会"的主要成员。他致力于创作外来花卉图谱。本书是他的代表作，共 10 卷。书中许多插图被认为出自服部雪斋之手。该书现在藏于东京国立博物馆。→80

20 《群英类聚图谱》，马场大助，制作年代不详

　　多达 78 册的花谱，附有嘉永五年（1852 年）时的作者自序。在独特的深灰色和纸（中间夹着深色调的标本台纸）上以艳丽的色彩绘制花卉，效果绝佳。现藏于大阪府杏雨书屋。→73

21 《园艺家的房间》(*The Florist's Cabinet containing a series of original and interesting articles on every branch of floriculture*)，约瑟夫·哈里森 (Joseph Harrison)，伦敦，1833—1859 年

　　园艺杂志，共出版了 27 卷。由英国沃特利的农业家约瑟夫·哈里森创刊，后来先后更名为《园丁周刊》《园丁杂志》。精美的插画均为手工上色。→121

22 《中国与欧洲植物图谱》(*Collection précieuse et enluminée des fleurs les plus belles et les plus curieuses qui se cultivent tant dans les jardins de la Chine que dans ceux de l'Europe*)，皮埃尔·约瑟夫·布克霍兹 (Pierre Joseph Buchoz)，对开本，巴黎，1776 年

　　活跃于 18 世纪的法国博物学家的代表作。书中 200 幅插图中有 60 幅描绘的是中国草药。因此，它在中国艺术发展史上也具有重要意义。→50,57

23 《法国本草志》(*Herbier de la France ou Collection complette de plantes indigènes de ce royaume: avec leurs details anatomique, leurs propriété, et leurs usages en Médecine*)，皮埃尔·比亚尔 (Pierre Buillard)，对开本，巴黎，1780—1795 年

　　18 世纪晚期最杰出的草药书。作者是一名植物学家，绘画也十分拿手。作者放弃了彩绘，完全以拓印的形式制作了 600 张铜版画。这本书的构图大胆有趣，但整体色彩有些单调。→67

24 《爱好家的百花》(*Flore de l'amateur - Choix des plantes les plus remarquables par leur élégance et leur utilité*)，皮埃尔·科尔内耶·凡·吉尔 (Pierre Corneille van Geel)，对开本，巴黎，1847 年

　　为了增加全 16 卷的大型园艺书《植物采集报告》(*Sertum Botanicum*, 1829—1830 年)的销量，凡·吉尔精选了 200 张插图，结集成美丽的花卉集出版。手工上色的石版画十分精美。→28,52,86,88,91,108,111,127

25 《爪哇植物志》(*Flora Javae nec non insularum adjacentium*)，卡尔·路德维格·布鲁姆 (Karl Ludwig Blume)，对开本，布鲁塞尔，1828—1851 年

　　布鲁姆的重要著作，主要介绍爪哇岛茂物植物园中的植物品种。其中也收录了大王花的大型插图，对于东亚植物的比较和研究具有重要意义。→56

26 《艾希施泰特的花园》(*Hortus Eystettensis, siva diligens et accurata Imnium Plantarum, florum, stirpium, ex variis orbis terrae partibus, singulari studio collectarum*)，巴西利厄斯·贝斯莱尔 (Basilius Besler)，大对开本，1713 年

　　17 世纪初南德意志主教的私人植物园（艾希施泰特花园）的彩

色图录第3版。收录了包括向日葵在内的诸多新大陆植物的彩色插画。初版于1613年。→*19,96*

27 《山茶花属图谱》（*Iconographie du genre Camellia ou déscription et figure des camella les plus beaux et les plus rares*），贝雷斯·劳伦特（Abbe Laurent Berlese），对开本，巴黎，1841—1843年

这是法国出版的山茶花图谱中最精美的一本。以点画技法绘制的彩图相当精致，可媲美雷杜德的插画。→*74*

28 《四季》（*The Seasons or Flower-Garden being a selection of the most beautiful flowers that blossom at the Four Seasons of the Year Spring Summer Autumn Winter the whole carefully drawn from nature with a treatise,on,a description of,and general instructions for drawing and painting flowers*），彼特·查尔斯·亨德森（Peter Charles Henderson），对开本，伦敦，1806年

这是一部兼用于美术教科书的花卉图谱，由19世纪英国最出色的彩色版画出版家鲁道夫·阿克曼出版。书中按季节共收录了23张英国野花的插图，扉页上的丘比特俏皮可爱。画师亨德森的画作也被收录在桑顿的《花之神殿》中。→*59,61,71,88,92,126*

29 《花菖蒲图谱》，三好学，1920年

这本图谱是在东京帝国大学植物学教授三好学的指导下编纂的，他以樱花研究而享有盛誉。据"序言"所述，原图出自佐藤醇吉之手，是在明治末年大正天皇访问东京帝国大学时上赠给天皇的。→*19*

30 《苏利南昆虫变态图谱》（*Dissertatio de generatione et metamorphosibus insectorum Surinamensium*），玛丽亚·西比拉·梅里安（Maria Sibylla Merian），对开本，海牙，1726年

初版（1705年）中有60幅插图，后来的版本增加至72幅。不仅仅是花卉图谱，在所有博物图谱中，这本书也是出版时间最早和最具吸引力的。梅里安独自带着女儿移居苏里南，在当地生活了近10年。其间，她一直从事昆虫和植物学研究。她父亲是著名的铜版画画家，受其影响，梅里安萌生了出版图谱的想法，并创作了一部具有里程碑意义的作品。它是博物爱好者的收藏书单中必不可少的一本。→*79*

31 《比利时园艺志》（*La Belgique Horticole Journal des Jardin,des Serres et des Vergers*），查尔斯·弗朗索瓦·安托万·莫伦（Charles Mor ren），卷8，列日，1851—1885年

共35卷，667幅插图，大部分为手工上色的精致石版画，但与勒梅尔和黄德尔的园艺书相比，则略逊一筹。→*20*

32 《万花帖》，山本草夫

京都的山本阁将家曾是江户时代博物学的一大根据地。自创始人山本亡羊起，至今收集和保存的许多图谱都让人叹为观止。现藏于爱知县西尾市立图书馆岩濑文库。→*22,24,40,53,99,119*

33 《实用植物图鉴》，著者不详

出版于明治时期的一本草本图志。→*81*

34 《植物学通信》（*La Botanigue*），让-雅克·卢梭（Jean-Jacques Rousseau），皮埃尔-约瑟夫·雷杜德（Pierre-Joseph Redouté），对开本，1805年

卢梭不仅是哲学家，还是伟大的植物学家。他常常通过观察花卉来慰藉自己孤独的内心。卢梭以书信形式留下了植物学日志，花卉画家雷杜德为其用心绘了65页彩色插图。这本书非常精美，前后共发行3个版本。同样热爱植物的英国哲学家拉斯金（John Ruskin）对它赞赏不已。→*25,58,69,78,109,115*

35 《一般园艺家杂志》（*L'Horticulteur Universel journal général présentant l'analyse raisonnée des travaux horticoles francais et étrangers*），查尔斯·安托万·勒梅尔（Charles Antoine Lemaire），巴黎，1841—?

勒梅尔所著书籍之一。由于是稀见本，无法得知全部卷数。→*89,102,106*

36 《园艺图谱志》（*L'Illustration Horticole, Journal Spécial des Serres et des Jardins, ou Choix Raisonee des Plantes les plus intéressantes sous le rapport ornamental, com prenant leur histoire complète, leur déscription comparée, leur figure et leur culture*），查尔斯·安托万·勒梅尔（Charles Antoine Lemaire），根特，1854—1886年

勒梅尔所著的园艺书之一。共43卷，1200幅插图。前半部分插图为手工上色，后半部分为彩色石版画。→*12,18,36,72, 92,98,104,126*

37 《园艺师花园志》（*Le Jardin Fleuriste,Journal Général des Progrès et des Intérèts Horticales et Botaniques Contenant L'Hisoitoire, la Déscription et la Culture des Plantes les plus Rares et les plus Méritantes Nouvellement lntroduits en Europe*），查尔斯·安托万·勒梅尔（Charles Antoine Lemaire），根特，1851—?

勒梅尔所著众多书籍之一。→*122,123,124,125*

38 《欧洲温室和园林花卉》（*Flore des serres et des jardins de l'Europe*），查尔斯·安托万·勒梅尔、米歇尔·约瑟夫·弗朗索瓦·施莱德韦勒（Michael Joseph François Scheidweiler）、路易·凡·豪特（Louis Van Houtte），根特，1845—1860年

比利时出版的园艺图录。共23卷，2480幅插图，插图均为彩色拓印石版画。原作者塞维林是比利时著名的自然史画家，其出色的绘画作品至今仍受到人们的赞赏。→*24,26,44,60,85,98,118*

39 《药用植物志》（*Phytographie médicale ornée de figures coloriées de grandeur naturelle*），约瑟夫·罗克斯（Joseph Roques），巴黎，1821年

最终版本包含180幅插图，是19世纪法国最精美的药用植物彩色图谱。插图由奥卡尔绘制。发行者罗克斯是巴黎的一名医生，后来负责管理蒙彼利埃植物园。→*22*

40 《植物学的博物馆》(*The Botanical Cabinet consisting Coloured Delineations of Plants from all Countries with a short Account of each Directions for Management & c & c*)，**康拉德·劳迪吉斯**（Conrad Loddiges），**伦敦，1817—1827年**

全20卷的植物志。由劳迪吉斯家族出版，乔治·库克根据劳迪吉斯的原画制版成精美的彩色插图。→*14,44,72*

41 《兰科图谱》(*The Orchid Album, comprising coloured figures and descriptions of New, Rare and Beautiful Orchidaceous Plants*)，**罗伯特·华纳**（Robert Warner），**本杰明·塞缪尔·威廉姆斯**（Benjamin Samuel Williams），**伦敦，1882—1897年**

兰花图谱中最珍贵、最出彩的一本。多达528幅的插图几乎全为手工上色的石版画，其中有一部分为多色石版画。→*123*

42 刊登书不详

19世纪，英国。手工上色铜版画。→*116*

43 刊登书不详

19世纪，法国，原图由安妮卡·勃艮第（Annika Bourgogne）绘制，后由莱蒙手工上色成铜版画。→*90*

44 刊登书不详

19世纪，欧洲。→*123*

著作权合同登记号：图字 02-2024-084 号

Shinsouban Hanano Oukoku 1 Engeishokubutsu
by Hiroshi Aramata
© Hiroshi Aramata 2018
All rights reserved.
Originally published in Japan by HEIBONSHA LIMITED,
PUBLISHERS, Tokyo
Chinese (in simplified character only) translation rights
arranged with HEIBONSHA LIMITED, PUBLISHERS,
Japan through TUTTLE – MORI AGENCY, INC.
Simplified Chinese edition copyright © 2024 by United Sky
(Beijing) New Media Co., Ltd.
All rights reserved.

图书在版编目（CIP）数据

花之王国.1，园艺植物 /（日）荒俣宏著；段练译.
天津：天津科学技术出版社，2024.9. -- ISBN 978-7
-5742-2259-5

Ⅰ.Q94-49；S68-49
中国国家版本馆CIP数据核字第2024VV6049号

花之王国1：园艺植物
HUA ZHI WANGGUO 1：YUANYI ZHIWU
选题策划：联合天际·边建强
责任编辑：马妍吉

出　　版：天津出版传媒集团
　　　　　天津科学技术出版社
地　　址：天津市西康路35号
邮　　编：300051
电　　话：（022）23332695
网　　址：www.tjkjcbs.com.cn
发　　行：未读（天津）文化传媒有限公司
印　　刷：北京雅图新世纪印刷科技有限公司

关注未读好书

未读 CLUB
会员服务平台

开本 889×1194　　1/16　　印张10　　字数150 000
2024年9月第1版第1次印刷
定价：128.00元